谨将本书献给

尊敬的导师郭玉璞教授

——纪念郭玉璞先生从教50周年

主　　编　黄　瑜　苏敬良

副 主 编　王根芳　祁保民

编 著 者　黄　瑜　苏敬良　王根芳
　　　　　祁保民　李文杨　程龙飞
　　　　　彭春香

审　　校　郭玉璞

内容提要

本书以图文并茂的形式简明介绍了当今危害我国养鸭业主要疾病的诊治和实用防制技术。

书中选用经确诊的自然病例或人工感染病例典型临床症状和剖检病变特征的彩色图片近130幅，并辅以简洁、通俗的文字说明其诊断和防制方法，详细地阐明了临床上易混淆的鸭病的鉴别诊断要点和近几年来新发现的鸭传染病及老病的新病型等。

因此本书不失为从事鸭病临床诊治、教学、科研等畜牧兽医工作者的一本好参考书。

黄 瑜 苏敬良 主编

鸭病诊治彩色图谱

中国农业大学出版社

图书在版编目(CIP)数据

鸭病诊治彩色图谱/黄瑜,苏敬良主编.—北京:中国农业大学出版社,2001

ISBN 978-7-81066-348-9

Ⅰ.鸭… Ⅱ.①黄… ②苏… Ⅲ.鸭病-诊断-图谱 Ⅳ.S858.32-64

中国版本图书馆 CIP 数据核字(2001)第 026761 号

鸭病诊治彩色图谱

出版 发行	中国农业大学出版社
经销	新华书店
印刷	涿州市星河印刷有限公司
版次	2001 年 10 月第 1 版
印次	2009 年 9 月第 3 次印刷
开本	32　3 印张　50 千字　130 幅彩图
规格	850×1 168
印数	13 001~18 000
定价	23.00 元

图书如有质量问题本社负责调换

社址:北京市海淀区圆明园西路 2 号　　邮政编码:100193

电话:010-62818525　　网址:www.cau.edu.cn/caup

前　言

我国是世界养禽大国，水禽品种及饲养量均居世界首位，尤其是福建、浙江、广东、四川、广西、河南和北京等省市养鸭业已成为畜牧业的主要产业之一，对丰富城乡菜篮子、加快农村脱贫致富奔小康的步伐和改善人民生活等方面做出了重要贡献。然而随着我国饲养鸭品种和数量的增多，饲养密度的加大，集约化程度的提高以及引种、运销的日益频繁，危害养鸭业的疫病愈来愈多、愈来愈严重，出现了老病未除、新病不断的复杂局面，致使兽医临床诊治愈来愈难。为满足广大兽医工作人员的迫切需求，我们编著了《鸭病诊治彩色图谱》一书，为促进我国养鸭业的健康发展尽微薄之力。近几年来，我国番鸭饲养量不断增加，饲养地区不断扩大，除南方数省外，北京、河北、河南、辽宁等地也有饲养。为适应这一发展的需要，本书首次较详细地介绍了主要侵害番鸭的传染病-雏番鸭细小病毒病、雏番鸭小鹅瘟及鸭出血症（暂定名），供番鸭养殖者及相关人员参考。

本书共选用了近130幅彩色图片，除署名图片外，均由编者在科研、教学过程中积累的并经确诊的自然病例和人工感染病例的典型临床症状和剖检病变。书中引用了殷佩云教授和吕荣修教授的彩色图片各一张，在此表示感谢。导师郭玉璞教授在本书的编写、彩色图片的收集和整理过程中给予了精心指导和大力支持，并提供了部分图片，使本书得以完善，值此表示衷心的谢意。感谢中国农业大学出版社为本书的出版给予了大力支持。由于我们水平有限，书中恐仍有疏漏及不妥之处，望读者不吝指正。

编者

2001年3月20日

目　录

鸭　　瘟

鸭瘟又称为鸭病毒性肠炎，是由鸭瘟病毒引起鸭、鹅、天鹅等雁形目禽类的一种急性、热性、高度致死性传染病，是危害养鸭业的大敌。

病原　该病病原为鸭瘟病毒(即鸭疱疹病毒Ⅰ型)，系疱疹病毒科成员,有囊膜,病毒粒子直径大多为90～160 nm，无血凝活性，目前只有一种血清型。

流行病学特点

1.易感鸭　各种品种鸭都能感染发病，但以绍鸭、番鸭、绵鸭、麻鸭及其杂交鸭等更为易感,而北京鸭、半番鸭(骡鸭)和樱桃谷鸭等易感性较差。

2.发病日龄　不同日龄鸭均可感染发病，但以舍饲或圈养为主的1月龄内的雏鸭少见大批发病死亡。在鸭瘟流行时，成年鸭发病和死亡较为严重。

3.发病率与病死率　该病的发病率与病死率均很高，有时高达100%。

该病一年四季均有发生，无明显的季节性，但以春夏之交、秋季养鸭和运销旺季时发病较多。

临床症状　病鸭流泪，眼结膜充血水肿，有的外翻；眼睑周围羽毛湿润呈湿圈(见图1)，严重者上下眼睑粘连。部分病鸭头部皮下水肿使得头部肿大，故有“大头瘟”或“肿头瘟”之俗称(见图2)。倒提病鸭或病死鸭时可见从口腔或鼻腔流出黄色或褐色液体。大多数病鸭表现严重下痢，排灰白色或绿色水样稀粪。

图1　鸭瘟临床症状——表现为精神萎顿，瘫软，流泪

图 2　鸭瘟临床症状——头部肿大

剖检病变　病死鸭皮肤、心冠脂肪及心肌外膜、肝脏、肠道淋巴集结、腺胃与食道交界处、喉头及食道粘膜、盲肠、直肠后段及泄殖腔粘膜、肌胃角质下层、气管、肺、肾、卵黄蒂、胰腺、法氏囊和气管粘膜等出血(见图 3 至图 13)。

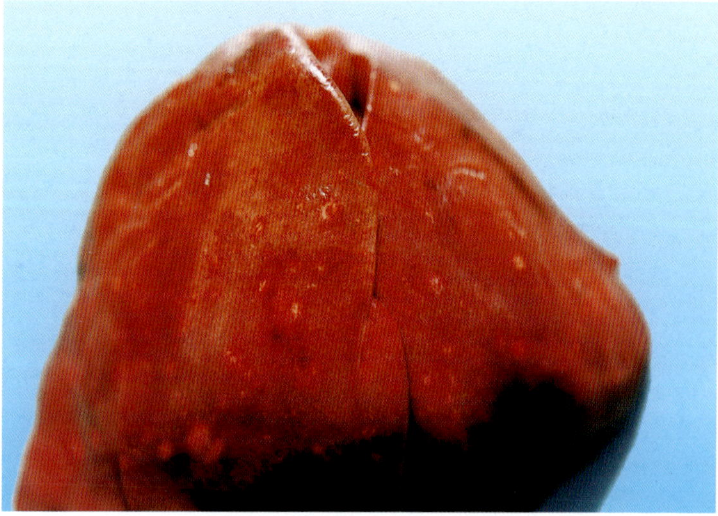

图 3　鸭瘟剖检病变——肝脏表面大小不一的白色或红白色坏死点

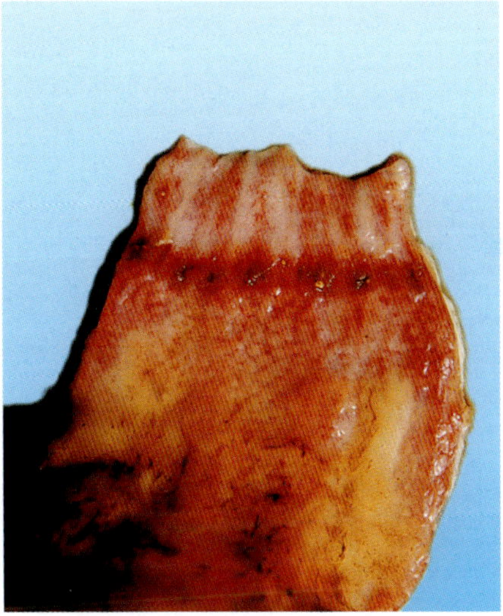

图 5　鸭瘟剖检病变——腺胃与食道交界处出血、腺胃粘膜表面有黄色胶冻样分泌物

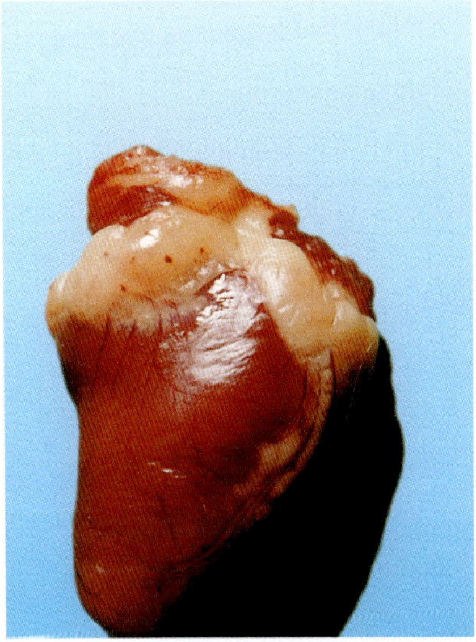

图 4　鸭瘟剖检病变——心脏冠状脂肪出血点

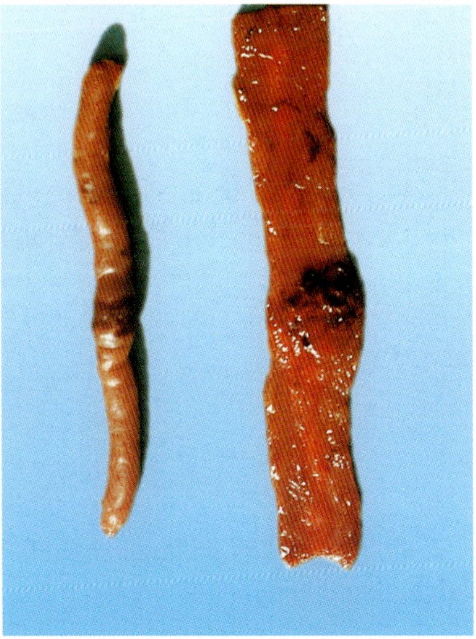

图 6　鸭瘟剖检病变——肠道淋巴集结环状出血

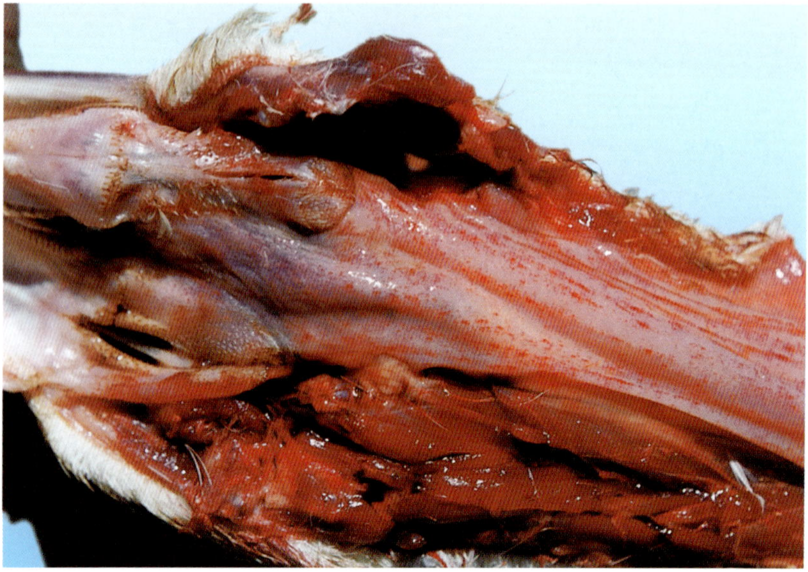

图 7　鸭瘟剖检病变——食道粘膜出血

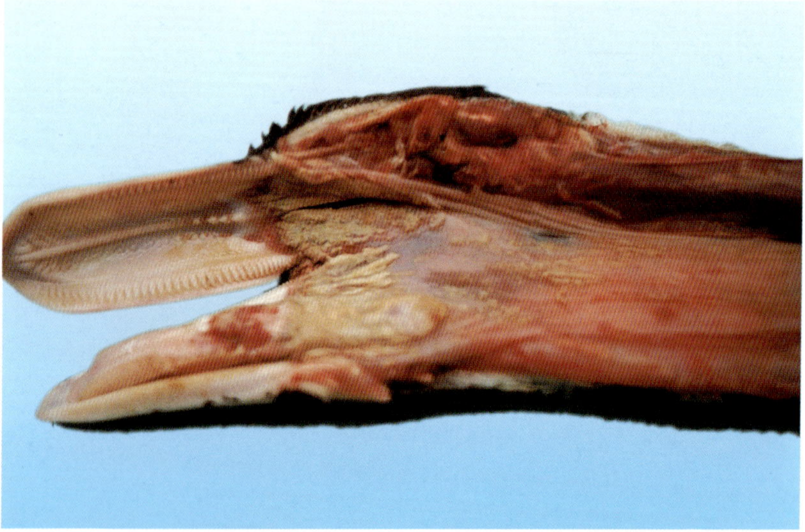

图 8　鸭瘟剖检病变——喉头、食道粘膜表面形成黄色伪膜

图 9　鸭瘟剖检病变——回肠、盲肠、直肠粘膜有出血点和出血斑

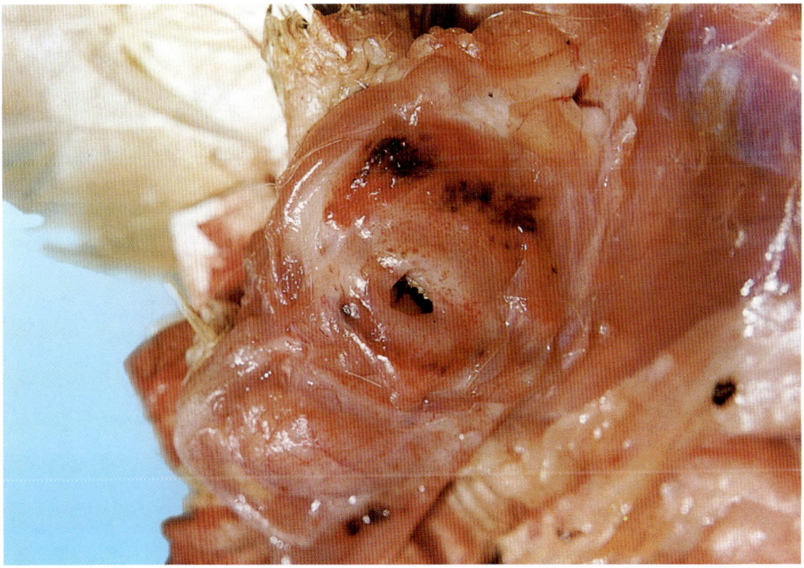

图 10　鸭瘟剖检病变——泄殖腔周边粘膜出血

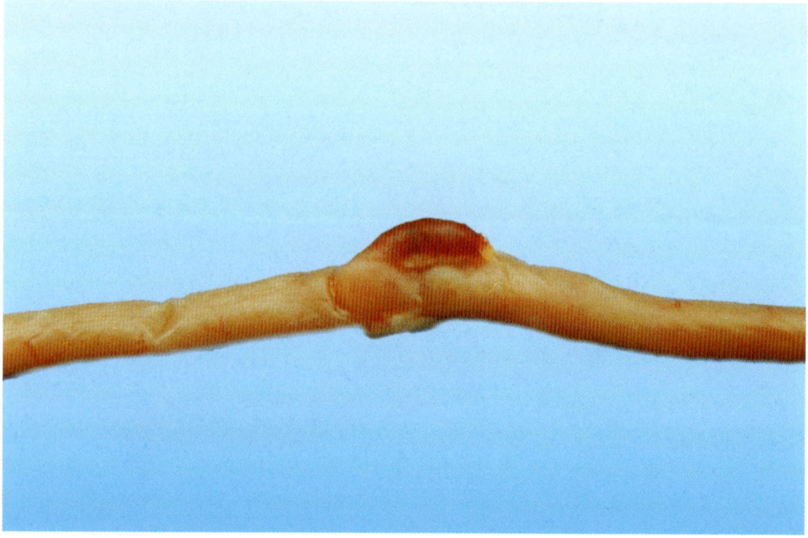

图 11　鸭瘟剖检病变——卵黄蒂出血

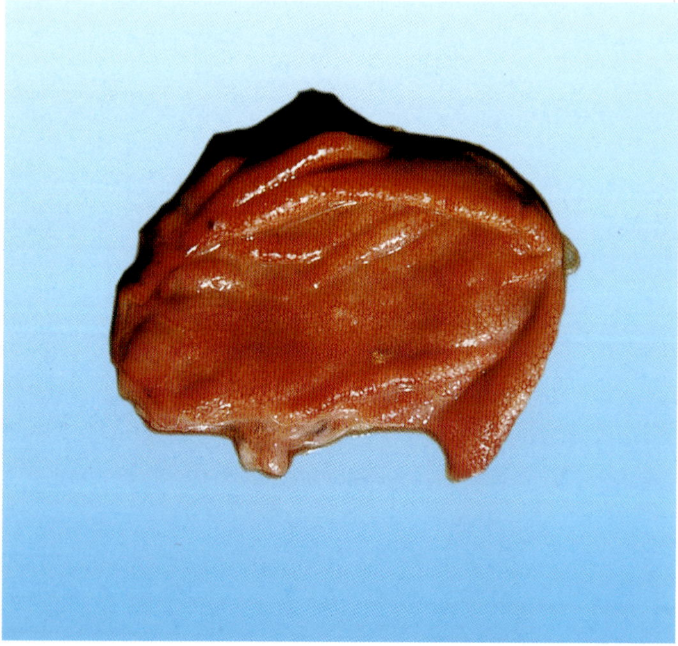

图 12　鸭瘟剖检病变——法氏囊粘膜出血

图 13　鸭瘟剖检病变——气管粘膜严重出血

肝脏表面有大小不一的不规则的白色或红白色坏死点或坏死灶，而有的白色坏死灶中心为红色出血点。在脾脏也见类似坏死点。

病程稍长的病例在喉头、食道和泄殖腔等处粘膜可见不规则、条纹样的灰黄色或黄色粗糙假膜，剥离假膜后见出血点、出血斑或溃疡灶(见图 8)。

诊　断

1.临床诊断　根据该病典型的临床症状与剖检病变，一般较易做出初诊。

2.实验室诊断　方法有病毒的分离鉴定、血清中和试验、酶联免疫吸附试验、免疫荧光技术和聚合酶链式反应(PCR)等。

3.类症鉴别

(1)鸭瘟与鸭霍乱　可根据鸭霍乱无鸭瘟特征性临床症状与病变、发病率及病死率较鸭瘟低、但发病与死亡比鸭瘟快、肝脏表面有大量针尖大小的白色坏死点、脾脏表面多量白色坏死点、心肌和心冠脂肪出血、肠道出血肠内容物呈胶冻样以及可用敏感抗菌药物治疗有效等与鸭瘟加以区别。

(2)鸭瘟与鸭出血症　对于这两个病，可根据鸭出血症的特征病状(双翅羽毛管淤血呈紫黑色、肝脏呈树枝样出血)及鸭瘟的特征病状(肿头、食道和泄殖腔粘膜的病变)区分开。

(3)鸭瘟与种鸭坏死性肠炎　顾名思义，种鸭坏死性肠炎主要发生于种鸭，肉用鸭罕见发生，发病率和病死率均较低，其剖检病变主要见于肠道，空肠和回肠扩张、内容物呈血样、粘膜表面覆盖有一层黄色或黄白色的纤维素性渗出物，以抗菌药物治疗有效，可根据这些特点与鸭瘟相区别。

防制措施

1.预防　关于鸭瘟的预防，除不从疫区引进鸭、加强饲养管理和消毒外，最重要的一点就是做好鸭瘟疫苗的免疫接种。对于肉用鸭，于 7 日龄左右首免，20～25 日龄时二免。而种用鸭或蛋用鸭，于7～10 日龄、20～25 日龄、开产前两周左右分别免疫后需每隔 5～6 个月再免。

2.控制　一旦发生鸭瘟，除采取严格封锁措施、进行隔离消毒、深埋病死鸭等外，应尽快注射鸭瘟高免血清或高倍量的鸭瘟弱毒疫苗，同时投放广谱抗菌药物以免并发或继发细菌感染。

雏鸭病毒性肝炎

雏鸭病毒性肝炎是雏鸭的一种急性高度致死性传染病，该病的主要特征是发病急、传播快、发病率高、致死率高。

病原 本病的病原为鸭肝炎病毒，属小RNA病毒科成员。已报道鸭肝炎病毒有1、2、3三个血清型，而国内外所报道的雏鸭病毒性肝炎绝大多数是由1型肝炎病毒引起，另外还可能存在1型肝炎病毒变异株。在英格兰曾有过2型雏鸭肝炎病毒的报道，但经过实验可能为星状病毒。3型肝炎仅在美国有正式报道。

流行病学特点

1.1型鸭肝炎主要发生于雏鸭，临床上以10日龄左右为高发阶段，一旦发病则可在鸭群中迅速传播，死亡率20%～60%不等，个别鸭群可高达90%左右。人工感染潜伏期短至24小时左右，死亡多集中发生于24～96小时。

2.2型鸭肝炎仅在英国有散发，而且自1980年代中期以后未再发生。

3.3型肝炎病毒的致病性稍低，临床上死亡率往往不超过30%，人工感染的死亡率更低。

临床症状 雏鸭病毒性肝炎的临床上表现为病程短、发病急、死亡快等特点，临床上往往在短时间内出现大批雏鸭死亡。感染雏鸭首先表现为精神沉郁，行动迟缓，跟不上群，然后出现蹲伏或侧卧，随后出现阵发性抽搐。大部分雏鸭在出现抽搐后数分钟或几小时内死亡，死亡鸭多呈角弓反张姿势(见图14)。

剖检病变 雏鸭病毒性肝炎的病变主要表现为肝脏肿大，表面有出血点和出血斑(见图15，图16)，严重时刷状出血(见图

图14 雏鸭病毒性肝炎临床症状——死亡鸭呈角弓反张姿势

17)。肾脏轻度肿大、出血(见图 18)。

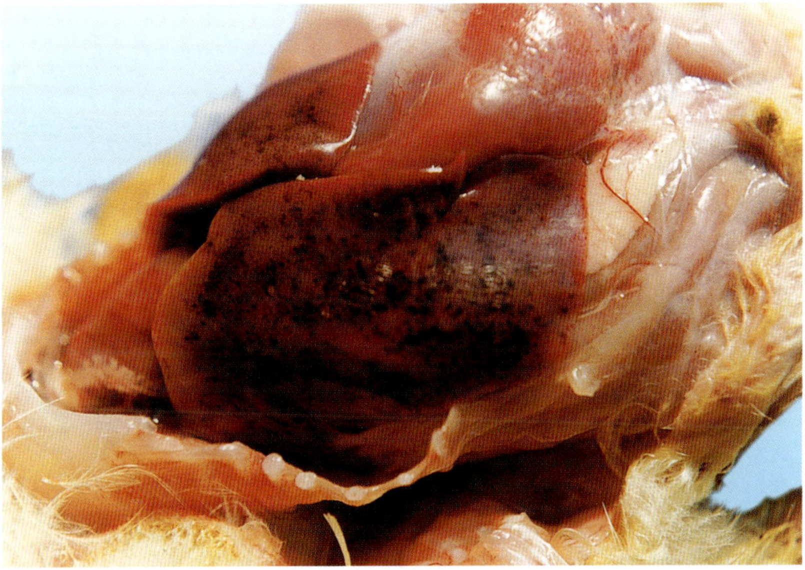

图 15 雏鸭病毒性肝炎剖检病变——肝脏淤血、肿大，表面有大量的出血斑

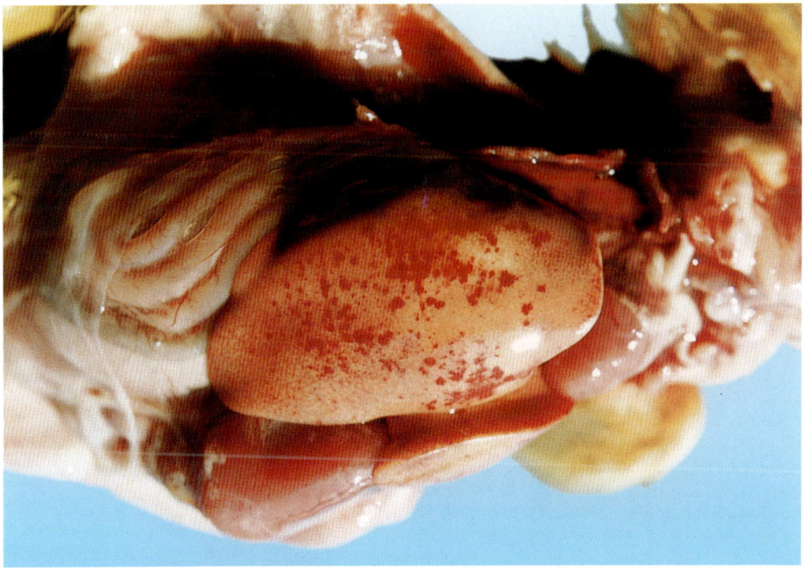

图 16 雏鸭病毒性肝炎剖检病变——肝脏表面有大量的出血斑，肝脏颜色变黄

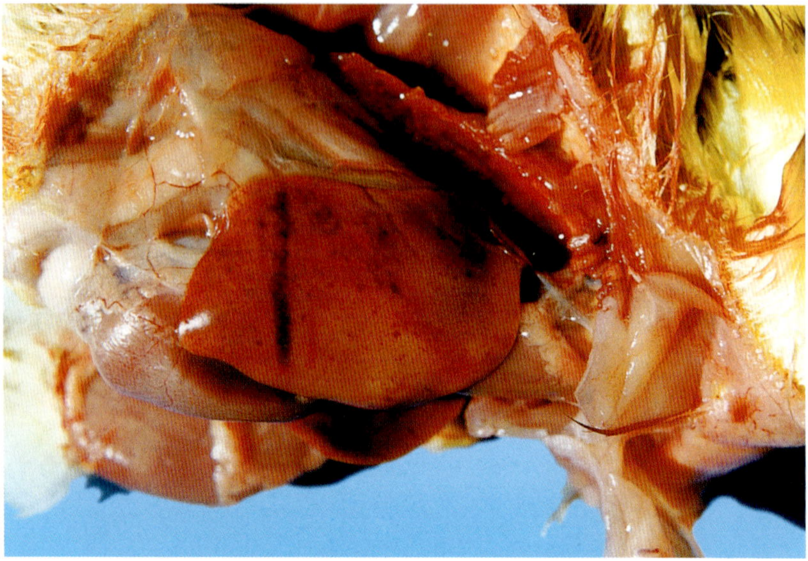

图 17 雏鸭病毒性肝炎剖检病变——肝脏表面有刷状出血带

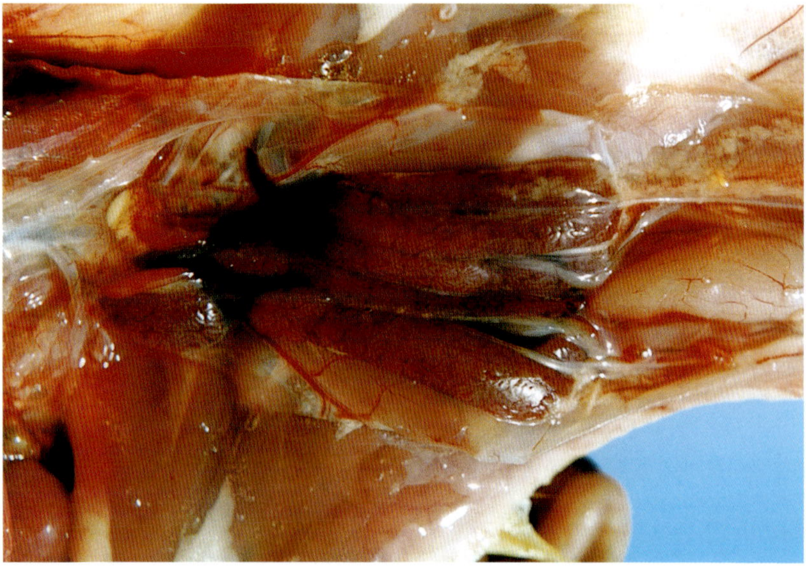

图 18 雏鸭病毒性肝炎剖检病变——肾脏出血并有轻度肿大

诊断

1.临床诊断　根据该病的主要临床症状和病理变化特征——发病急、死亡快、死亡时间集中以及肝脏有明显的出血点或出血斑等即可做出初步诊断。

2.实验室诊断

(1)病毒的分离鉴定　取病死鸭肝脏等病料经过无菌处理后经尿囊腔接种9～12日龄无母源抗体鸭胚或鸡胚，经过3～5次传代后可稳定地致死胚，并可进一步采用血清中和试验、免疫荧光抗体技术等鉴定病毒。

(2)动物接种　取1～7日龄无母源抗体的易感雏鸭分为两组，其中一组经皮下注射1～2 ml鸭肝炎高免血清或卵黄抗体，24小时后，两组同时接种经过无菌处理的病料悬液或分离到的病毒，注射抗体组80%～100%存活，而未免疫组80%～100%发病死亡。应注意的是从自然感染病鸭分离到的鸭肝炎病毒在回归试验时往往致病率较低，甚至不发病。

3.类症鉴别　临床上对雏鸭病毒性肝炎的诊断应注意与以下两种病相区别：

(1)雏鸭煤气(一氧化碳)中毒　多发生于雏鸭舍烧煤取暖而通风措施不良，而且多发于晚间。主要表现雏鸭大批量死亡，离取暖炉越近死亡越多，剖检死亡鸭可见血液凝固不良、鲜红。

(2)急性药物中毒　养鸭生产中偶尔可出现用药不当或用药量严重超标导致大批雏鸭急性药物中毒死亡。药物中毒病例的肝脏一般不出现明显的出血点和出血斑，可能表现为肝脏淤血，肠粘膜充血和出血。需要进行回顾性调查和饲养对比试验加以验证。

防制措施

1.主动免疫　对于无母源抗体(即种鸭在开产前未接种疫苗)的雏鸭，在1～3日龄用鸭肝炎弱毒疫苗进行免疫1次，可有效地防止本病的发生。

2.被动免疫

(1)免疫种鸭　种鸭在开产前间隔15天左右接种两次鸭肝炎疫苗，之后隔3～4个月加强免疫1次，可以保证雏鸭具有较高的母源抗体，获得较好的保护。但是对于病毒污染比较严重的鸭场，10日龄以后的雏鸭仍有部分可能被感染，应考虑避开母源抗体的高峰期加强免疫或注射高免卵黄或血清。

(2)注射高免血清或卵黄　对于发病鸭群可紧急注射高免卵黄或血清来控制疫情，每羽1.0～1.5 ml。

雏番鸭细小病毒病

雏番鸭细小病毒病又称为雏番鸭"三周病"，是由细小病毒引起的专一侵害雏番鸭，以喘气和腹泻为主要症状的一种急性、高度接触性传染病。

病原　该病病原为细小病毒科细小病毒属成员，病毒粒子呈球形，无囊膜，直径为20～24 nm，无血凝活性。

流行病学

1.易感动物　仅有雏番鸭对该病易感，其他禽类均不感染发病。

2.易感日龄　三周龄内的雏番鸭多见发病，但临诊中以7～18日龄的雏番鸭发病更为常见。

3.发病率、病死率　感染该病的三周龄内雏番鸭群其发病率一般为25%～65%，而病死率多为20%～47%，且随着日龄的增长发病率及病死率也随之下降，病愈鸭大多成为僵鸭。

该病的发生无明显季节性，但以冬、春寒冷季节发病较多。

临床症状　患该病的病雏番鸭主要表现为喘气(张口呼吸)、腹泻(排绿色或白色稀粪、并常沾附于肛周羽毛)和软脚(多蹲伏、不愿活动)(见图19，图20)。

图19　雏番鸭“三周病”临床症状——张口呼吸，蹲伏

图20　雏番鸭“三周病”临床症状——肛周粘有绿色或白色粪便

剖检病变

1.胰脏　表面有大量的白色坏死点或出血(见图21，图22)。

2.肠道　肠道粘膜有不同程度的充血

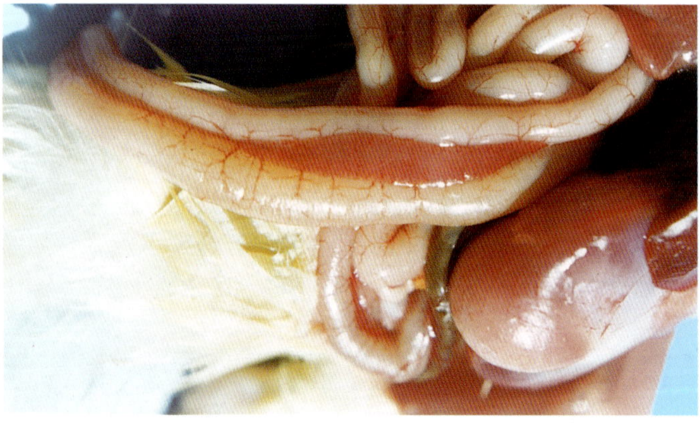

图21　雏番鸭“三周病”剖检病变——胰脏出血

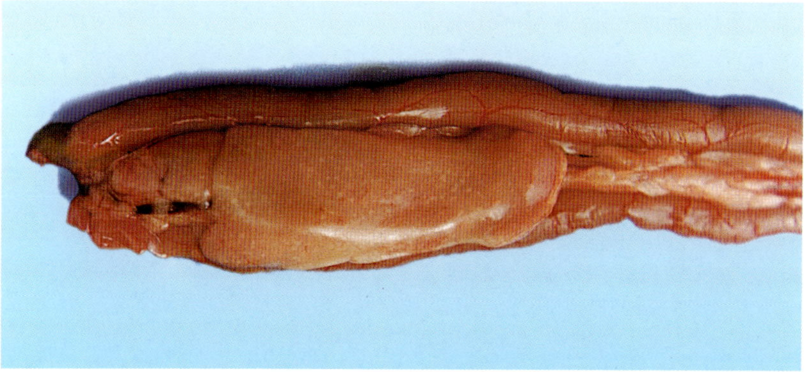

图 22　雏番鸭“三周病”剖检病变——胰脏表面有大量针尖大小的白色坏死点

和出血，尤其以十二指肠和直肠后段粘膜为甚(见图 23)。

3.胆囊　臌胀，充满胆汁(见图 24)。

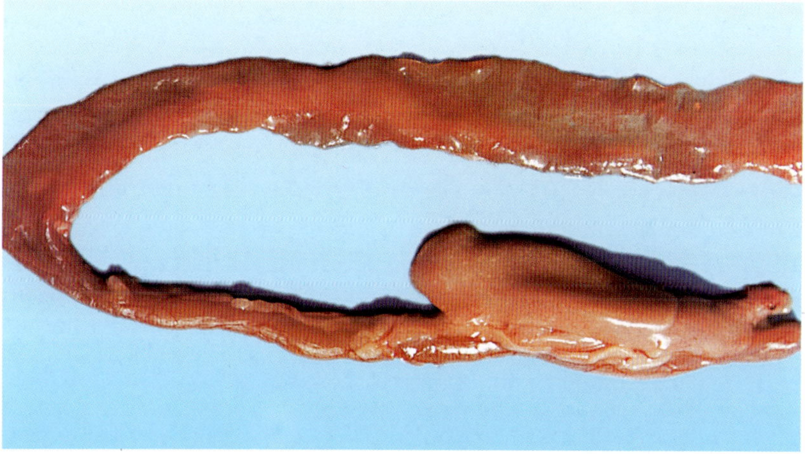

图 23　雏番鸭“三周病”剖检病变——十二指肠粘膜出血

诊断

1.临床诊断　根据该病的流行病学特点，病鸭表现出的临床症状及病死鸭的剖检病变特点，较易做出诊断。

2.实验室诊断　迄今，已建立了琼脂扩散试验、血清中和试验、荧光抗体技术、酶联免疫吸附试验以及乳胶凝集试验等用于该病的检测，其中以乳胶凝集试验最为实用，该方法操作简便、敏感特异、检测速度快。

3.类症鉴别

(1)本病与雏番鸭小鹅瘟的区别　雏番

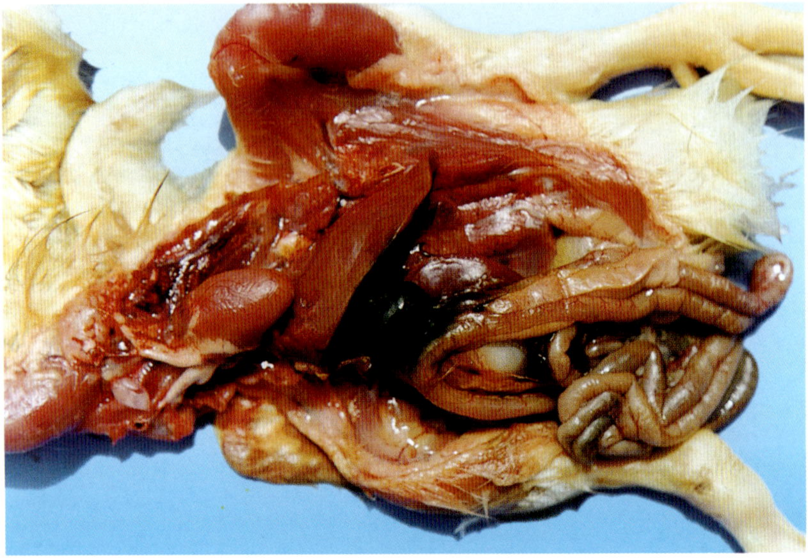

图 24　雏番鸭“三周病”剖检病变——胆囊肿胀，充满胆汁

鸭小鹅瘟是由鹅细小病毒引起3～25日龄雏番鸭和雏鹅的一种高度接触性和致死性的急性传染病，其发病率和病死率均比雏番鸭细小病毒病更高，甚至有时病死率高达95%以上；临床症状以扭颈、抽搐和水样腹泻为主要特征，一般不表现呼吸困难；而特征性的剖检病变为肠粘膜出血、坏死、脱落和肠道内形成腊肠样栓子堵塞肠道，肠壁变薄等。

(2)本病与鸭出血症的区别　鸭出血症是由鸭疱疹病毒Ⅱ型引起各日龄、各品种鸭的一种病毒性传染病，在雏番鸭发生“三周病”且胰脏表面出血，无白色坏死点时极易与鸭出血症相混淆，此时可根据鸭出血症病(死)鸭还有肠道(十二指肠、直肠和盲肠)明显出血和肝脏、脾脏及肾脏出血或淤血等病变与本病区分开。

防制措施

1.预防措施

(1)免疫种番鸭　在有本病流行的地区应用雏番鸭细小病毒疫苗免疫种番鸭是预防本病的一种有效而实用的方法。种番鸭于开产前1个月左右皮下或肌肉注射雏番鸭细小病毒弱毒疫苗，开产前10～15天以油佐剂疫苗再次免疫，二免后15天至4个月内种番鸭所产蛋孵出的雏番鸭在10日龄内一般能抵抗自然感染，但在10～12日龄时仍应注射雏番鸭“三周病”高免蛋黄抗体。

(2)免疫雏番鸭　对未免疫雏番鸭细小病毒疫苗的种番鸭所产蛋孵出的雏番鸭，于出壳后1天内以雏番鸭细小病毒弱毒疫苗进行免疫接种即可。

2.治疗　经诊断为“三周病”的雏番鸭群，应尽快注射雏番鸭“三周病”高免蛋黄抗体或高免血清，均可获得良好的治疗效果。

雏番鸭小鹅瘟

雏番鸭小鹅瘟是侵害雏番鸭乂一特定的病毒性传染病，临床上以传播快、死亡率高、剧烈下痢、纤维素性肠炎、小肠中段和(或)后段内形成腊肠样栓子为特征。

病原 本病病原为鹅细小病毒，直径20～25 nm，无囊膜。该病毒无血凝活性，但能凝集黄牛精子。目前该病毒只有一个血清型。

流行病学特点

1.易感动物 在自然条件下只有雏番鸭和雏鹅发生本病，其他禽类和哺乳动物不发病。

2.易感日龄 本病多发于5～25日龄的雏番鸭，随着日龄的增长，易感性降低，但1月龄以上番鸭也有发病，而成年番鸭不发病。

3.发病率和病死率 20日龄内雏番鸭发病时死亡率常高达70%～95%，发病日龄愈小，发病率和病死率越高，而20日龄以上的雏番鸭发病时，死亡率一般不超过60%。

本病多发于冬季和早春季节。

临床症状 易感雏番鸭的临床症状随日龄的变化而不同，10日龄的雏番鸭发病后迅速出现厌食、腹泻、衰竭，突然倒地抽搐后不久而死亡，病程为2～5天。而日龄稍大的雏番鸭发病后最初表现厌食，嗉囊空虚，内有混合液体和气体，喙部和蹼表发绀。病雏番鸭排出大量黄白色或淡黄绿色水样稀粪(见图25)。

图25 雏番鸭小鹅瘟临床症状——腿瘫软、排黄色稀粪(吕荣修原图)

有的番鸭场，20～45日龄段的番鸭有时发生上喙变短，软脚，腹泻，低死亡率为特征的疾病，有人认为是雏番鸭感染小鹅瘟的一种病型。

剖检病变 本病的病变主要在消化道，肠道病变较为明显。

肌胃和腺胃粘膜出血，交界处粘膜溃疡、糜烂，腺胃角质层糜烂脱落；肠道(尤其十二指肠)粘膜出血(见图26)；肠道外观肿胀，特别是小肠的中、后段整片肠粘膜坏死脱落，与纤维素性渗出物凝固形成特征性栓子或假膜，包裹在肠内容物表面，状如腊肠(见图26)，质地坚硬，堵塞肠腔；有时肠管外壁见环状细纹，外观似蚯蚓样(见图26)，肠腔内积有脱落的肠粘膜碎片或粘稠内容物，肠壁变薄，内壁光滑，呈淡红色或苍白色。附雏鹅小鹅瘟剖检病变(见图27，图28)。

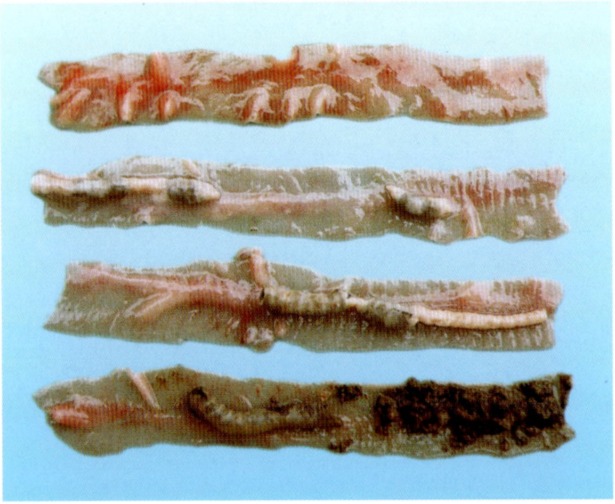

图26 雏番鸭小鹅瘟剖检病变——肠道出血、肠壁变薄、肠腔内形成腊肠样栓子

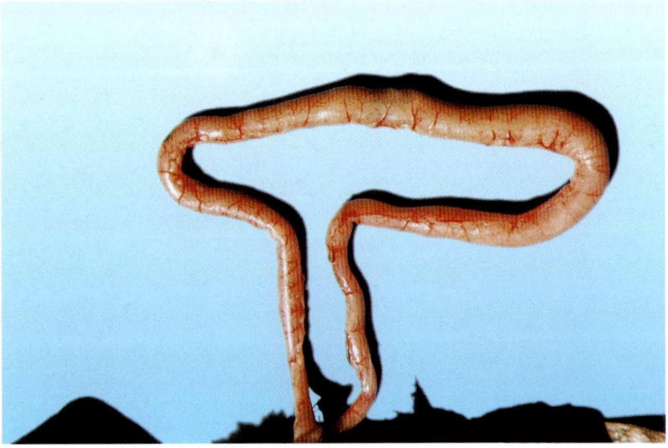

图27 雏鹅小鹅瘟剖检病变——肠道膨胀、变硬

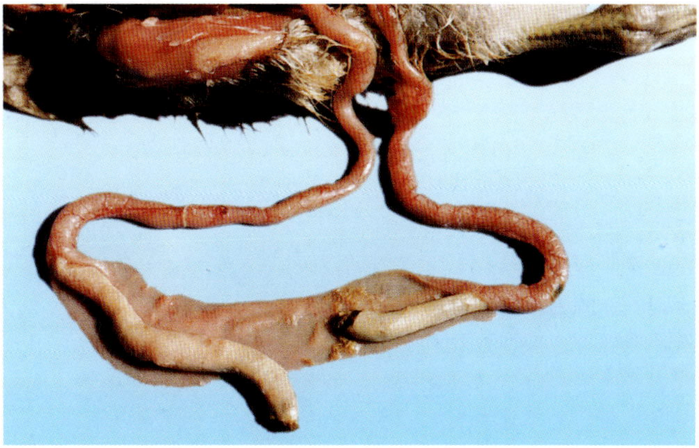

图 28 雏鹅小鹅瘟剖检病变——肠道内形成栓子

诊断

1.临床诊断 根据本病流行病学、临床症状和特征性的消化道病变，一般可做出初步诊断。

2.实验室诊断

(1)病毒的分离鉴定 无菌采集病死番鸭的肝、脾磨碎，以灭菌生理盐水制成悬液，离心吸取上清液经尿囊腔接种11～13日龄鹅胚或番鸭胚。如为本病，一般于5～7天后禽胚死亡，同时吸取胚液经无菌检验证明无菌后，接种6～10羽雏番鸭，并用已注射抗小鹅瘟血清的雏番鸭数羽，接同样剂量上述胚液作为对照，若易感雏番鸭发病死亡，而对照雏番鸭无任何症状，即可确诊。

(2)病毒中和试验 用已知的抗小鹅瘟标准血清，加不同稀释倍数的病毒培养液，分别接种鹅胚或番鸭胚做中和试验。

(3)免疫荧光抗体检查法 用死亡鹅胚或番鸭胚肝脏的病理切片或触片做免疫荧光抗体检查。

3.类症鉴别 在临诊上雏番鸭小鹅瘟易与雏番鸭“三周病”相混淆，但两者在流行病学、临床症状和剖检病变等方面存在差异，该病病死率更高，有神经症状，腹泻严重，一般无白色坏死点。此外，应注意临床上两病有出现混合感染的可能。

防制措施

1.管理措施 该病的流行发生主要是通过孵坊传播和早期感染，因此孵坊加强消毒和出壳后加强饲养管理等工作显得特别重要。此外，还应注意不向疫区引进种番鸭和雏番鸭。

2.免疫预防

(1)雏番鸭 雏番鸭在1～2日龄内注射小鹅瘟弱毒疫苗，每羽肌注0.2 ml。

(2)种番鸭 种番鸭在产蛋前2～3周以小鹅瘟弱毒疫苗，肌肉注射1 ml，一个月后所产的蛋可留作种用，其孵化鸭苗在8～10日龄时每羽需注射1 ml抗小鹅瘟高免血清或高免蛋黄抗体。

3.治疗 雏番鸭一经发生本病，应尽快将病雏番鸭和假定健康雏番鸭分开，并及时注射抗小鹅瘟高免血清或抗小鹅瘟高免卵黄抗体1～2 ml/羽，必要时可隔日重复注射一次，同时适当应用抗生素以防继发细菌感染。

鸭流感

鸭流感，即鸭流行性感冒，是由具有致病力的A型禽流感病毒引起各品种肉鸭以出现呼吸道症状、神经症状、高发病率、心包炎、胰脏多量白色坏死点或透明样或液化样坏死点或坏死灶以及种母鸭、蛋用鸭表现呼吸道症状、高发病率、低死亡率及产蛋量急剧下降等为主要特征的一种病毒性传染病。近几年来，我国尤其是南方数省，鸭流感尤其是番鸭流感的发生与流行较为严重。

病原 鸭流感的病原是具有致病力的A型禽流感病毒，属正粘病毒科成员，病毒粒子直径为80～120 nm，有囊膜，其表面有两种纤突，一种为血凝素(H)；另一种为神经氨酸酶(N)。迄今，国内外自家鸭中分离到不同H、N组合的A型流感病毒数十种，但对鸭具有致病力的并不多。

流行病学特点

1.易感禽类 各品种鸭均有易感性，但纯种番鸭较其他品种鸭更易感。此外，鸡、火鸡对流感易感性更强。

2.发病鸭日龄 各种日龄鸭对鸭流感均易感，但临床上以1月龄以上鸭发病多见。

3.发病率、病死率 在雏鸭，尤其是雏番鸭发病率可高达100%，病死率达80%以上。在中鸭、成年鸭，发病率和病死率随日龄的增大而下降，一般发病率为15%～70%，病死率为5%～30%。在种母鸭、蛋用鸭发生该病时，发病率高，但病死率较低(一般为3%～18%)或无死亡。

4.发病季节 该病一年四季均有发生，但以春冬两季为主要流行季节。

5.疫病并发或继发情况 患该病的鸭群有的并发或继发鸭传染性浆膜炎、鸭大肠杆菌病、鸭沙门氏菌病、鸭霍乱或球虫病等。凡有并发或继发其他该病感染的鸭群其病死率明显高于该病的单一感染。

临床症状 患该病病(死)肉鸭表现精神萎顿、流泪(见图29)、神经症状(扭颈呈“S”状或类似于角弓反张或侧卧、仰翻或呈划

图29 鸭流感临床症状——流泪，结膜潮红

水样或横冲直撞)(见图30至图33)，呼吸困难(张口呼吸或喘气)，腹泻(排白色或青绿色稀粪)。在蛋用鸭和开产种鸭，除个别死亡外，还表现产蛋量急剧下降(从90%～95%迅速降至10%左右，甚至停产)、产蛋异常(产粗壳蛋、软壳蛋、畸形蛋)等。

图30　鸭流感临床症状——头颈扭曲呈“S”状

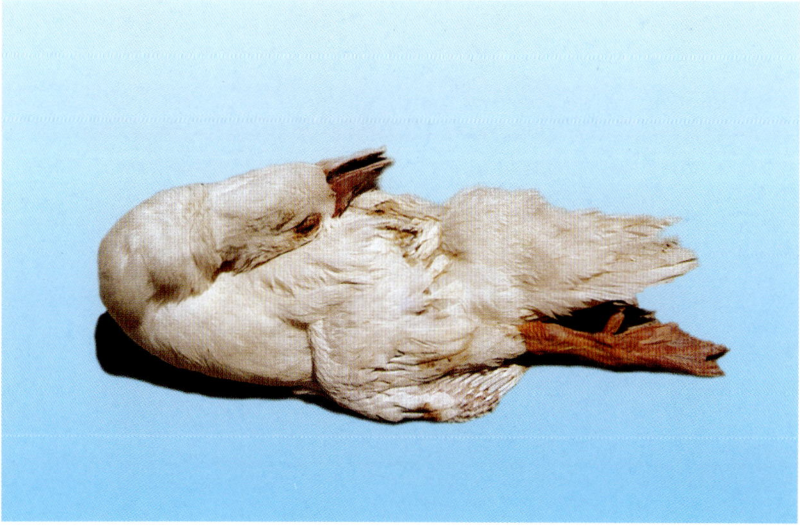

图31　鸭流感临床症状——角弓反张

图 32　鸭流感临床症状——扭颈，仰翻

图 33　鸭流感临床症状——头触地，右肢呈划水样

剖检病变

1.坏死　胰脏表面大量的针尖大小的白色坏死点或透明样或液化样坏死点或坏死灶，心肌表面灰白色条纹样坏死(见图34，图35)。

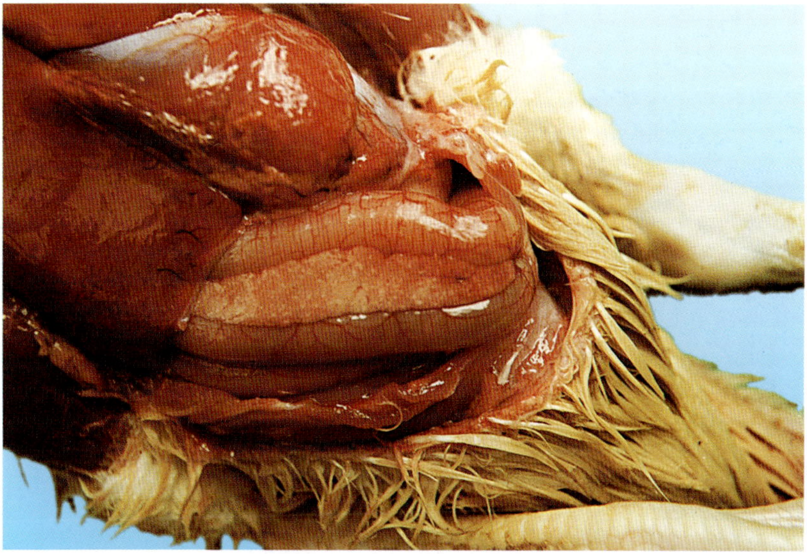

图 34 鸭流感剖检病变——胰脏表面大量针尖大小的白色坏死点，胰脏出血

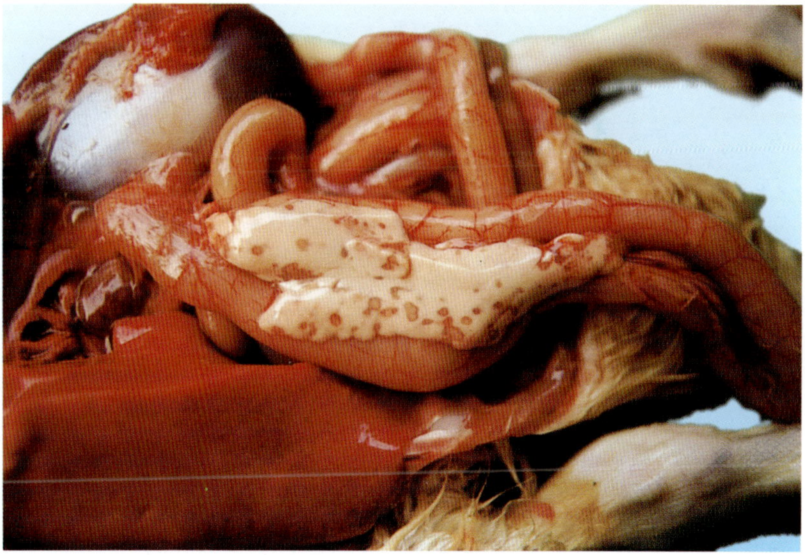

图 35 鸭流感剖检病变——胰脏有多个坏死灶

2.出血或淤血　呼吸道(气管、支气管粘膜)、肺、脑膜、胰脏、肝脏、脾脏、肠道粘膜、心冠脂肪、肾脏出血或淤血(见图34和图36至图42)。

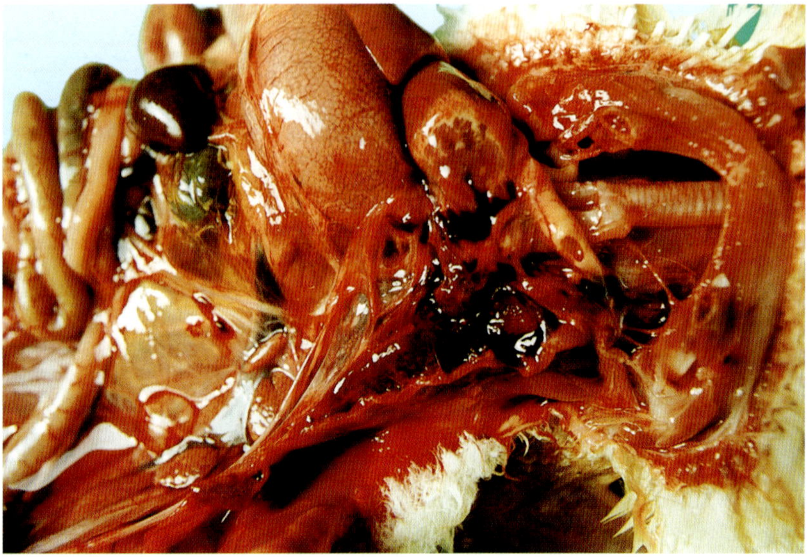

图36　鸭流感剖检病变——肺出血

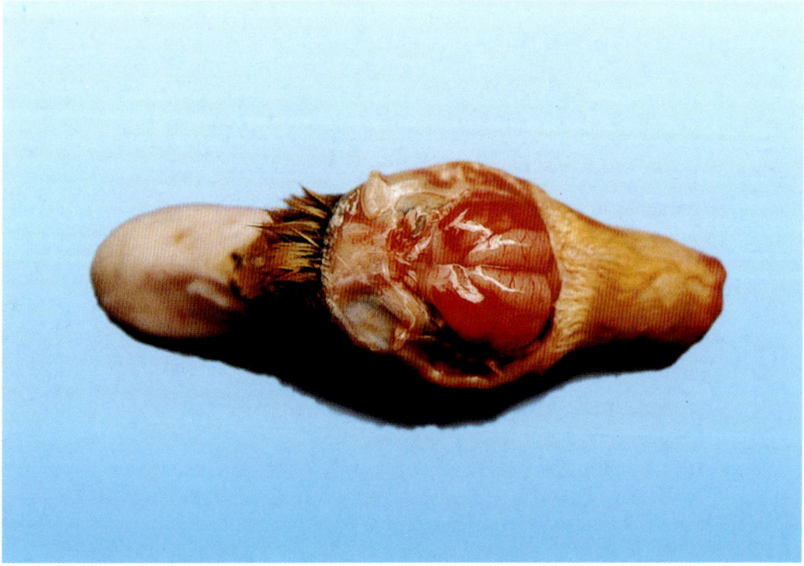

图37　鸭流感剖检病变——脑膜出血

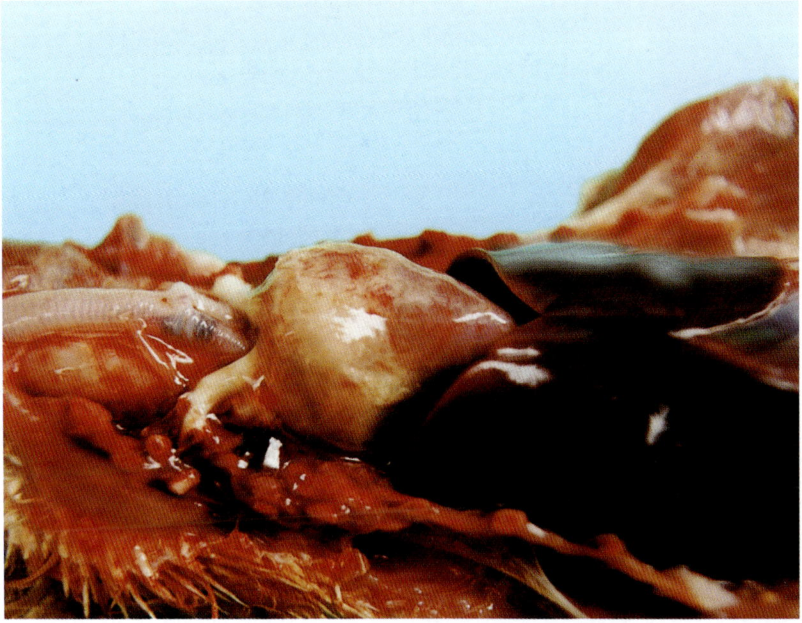

图 38　鸭流感剖检病变——心包炎、肝淤血

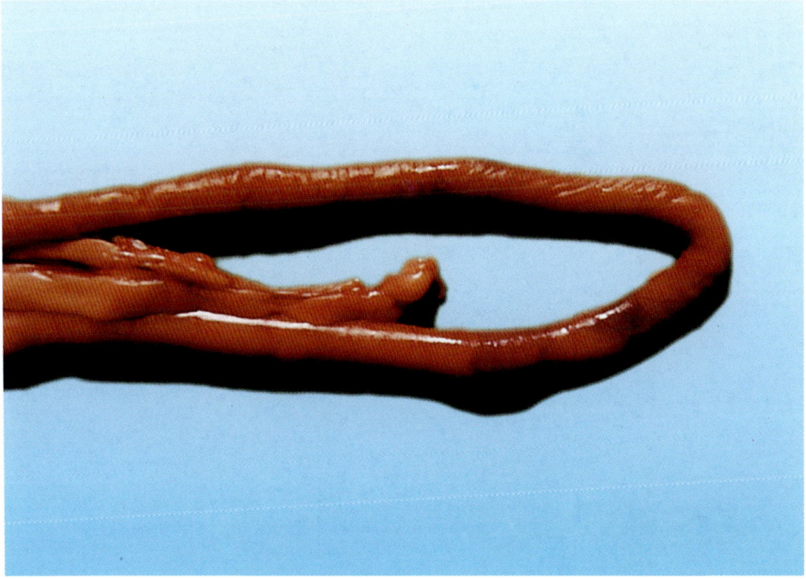

图 39　鸭流感剖检病变——十二指肠环状出血

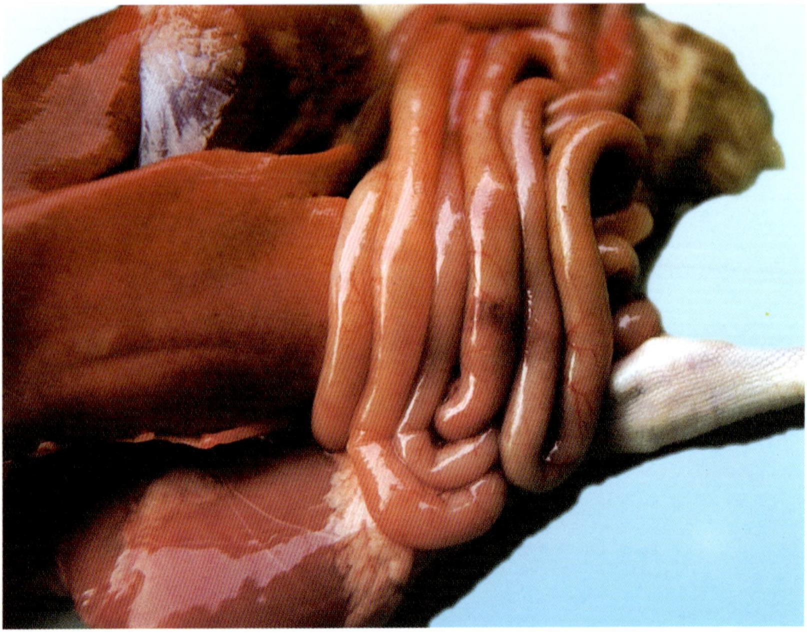

图 40　鸭流感剖检病变——小肠环状出血

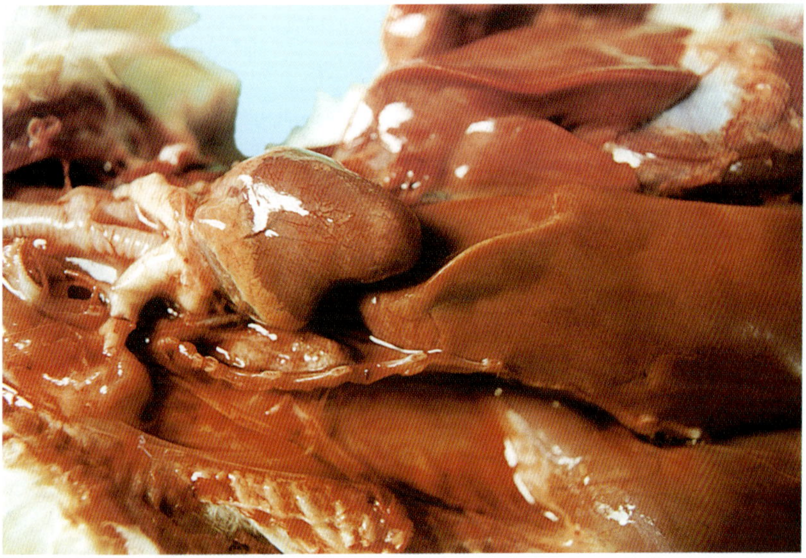

图 41　鸭流感剖检病变——心冠脂肪出血

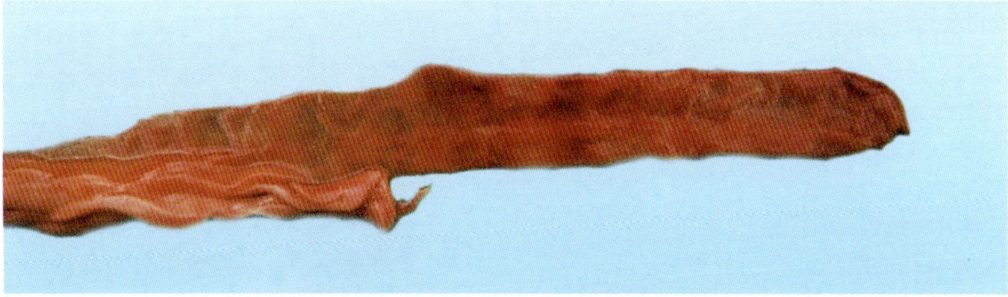

图 42　鸭流感剖检病变——十二指肠粘膜出血

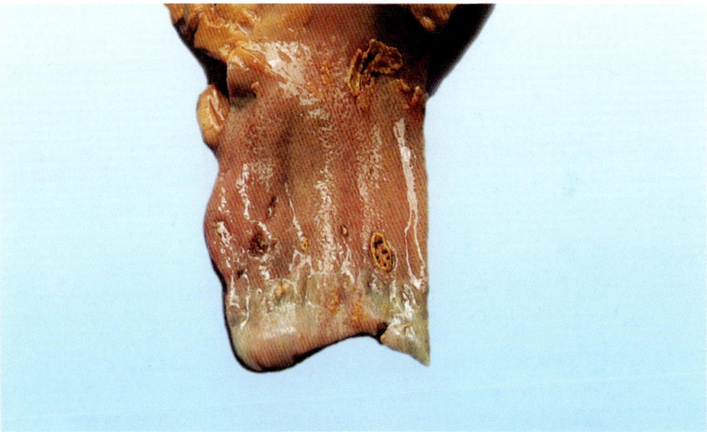

图 43　鸭流感剖检病变——腺胃粘膜溃疡、坏死

3.心包炎、心包积淤，腺胃粘膜局灶性溃疡、坏死(见图 38，图 43)。

诊断

1.临床诊断　据该病的流行病学、临床症状及特征性剖检病变一般不难做出诊断。

2.实验室诊断　目前鸭流感的实验室诊断方法主要是以鸡胚进行病毒的分离及血清学鉴定(如琼脂扩散试验、血凝及血凝抑制试验、酶联免疫吸附试验及 PCR 等)。

3.类症鉴别　在临诊上，由于患该病病鸭易并发或继发细菌性疾病，所以易与雏番鸭“三周病”、鸭传染性浆膜炎、鸭大肠杆菌病等相混淆，可根据各自的特征性临床症状和剖检病变加以区别。

防制措施

1.预防　除加强饲养管理、不从疫区引种和购鸭苗等一般性措施外，主要的预防措施为在相关部门的允许下注射鸭流感灭活疫苗，在肉鸭于 10～15 日龄首免、40～45 日龄二免，在种(蛋)鸭于 10～15 日龄、40～45 日龄、开产前两周、45～50 周龄分别进行免疫接种。

2.控制　目前对该病尚无特效的治疗措施，但可应用病毒唑或病毒灵或金刚烷胺等抗病毒药有一定疗效，同时需投放抗菌药物以防并发或继发细菌感染。

鸭出血症(暂定名)

鸭出血症是一种由新的疱疹病毒引起的可侵害各品种鸭、各日龄鸭的传染病，因本病病鸭双翅羽毛管常淤血呈紫黑色，则俗称为鸭“黑羽病”。目前我国的福建、广东、浙江等省均有该病发生，且发生本病的病鸭群易并发或继发细菌性疾病(如鸭传染性浆膜炎、鸭大肠杆菌病等)，因而易被人们所忽视。

病原 该病病原初步定为鸭疱疹病毒Ⅱ型，有囊膜，病毒粒子直径为80～150 nm，无血凝活性。

流行病学特点

1.易感动物 番鸭、半番鸭、麻鸭、北京鸭、樱桃谷鸭、野鸭、丽佳鸭、枫叶鸭等均可感染发病，但以番鸭最易感。目前尚未发现其他禽类和哺乳类动物发生本病。

2.易感日龄 本病多发于10～55日龄的鸭群，但其他日龄段鸭也有发病。

3.发病率与病死率 本病的发病率、病死率高低不一，而且与发病鸭日龄密切相关。在35日龄内，日龄愈小，发病率、病死率愈高，有时高达80%。35日龄以上单一感染本病的鸭群，随着日龄的增长，日死亡率为1.0%～1.7%。

本病的发生无明显的季节性，一年四季均有散发，但在气温骤降或阴雨寒冷天气时发病较多。

临床症状

1.黑羽 本病的特征性临床症状为病鸭或病死鸭双翅羽毛管内淤血，外观呈紫

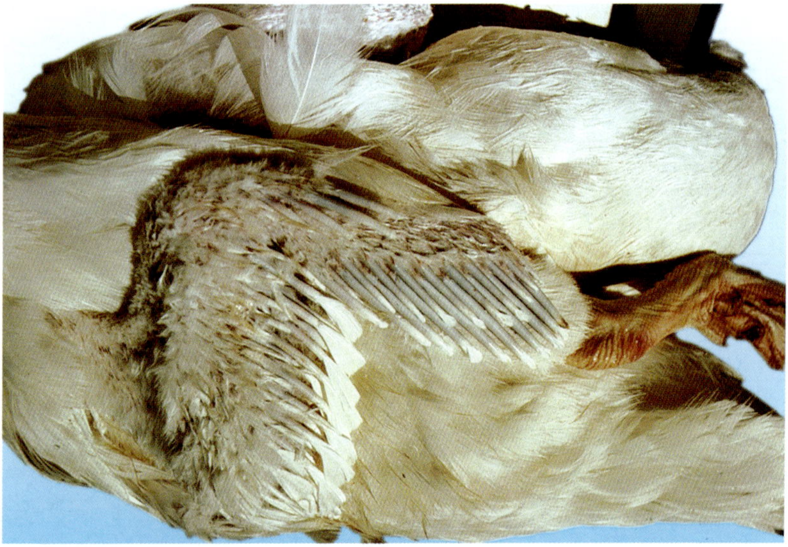

图44 鸭出血症临床症状——翅羽毛管出血，呈紫黑色

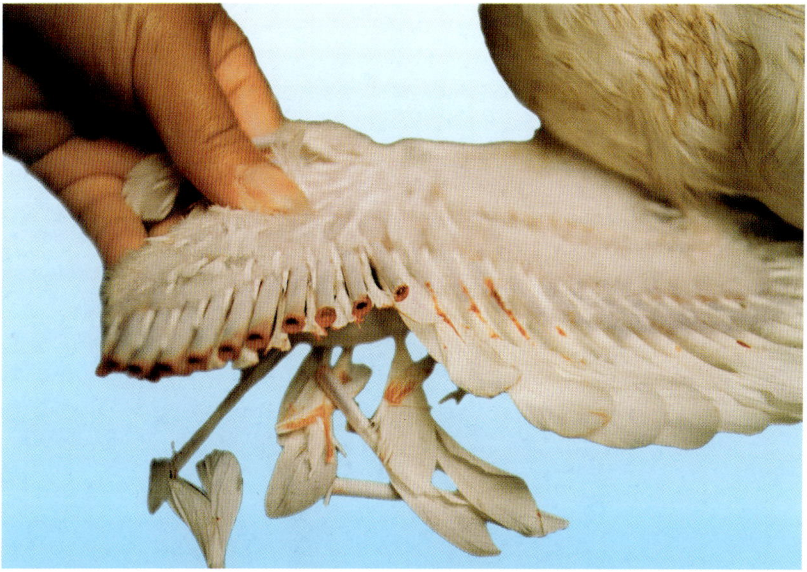

图 45　鸭出血症临床症状——紫黑色羽毛管剪断后有血液流出

黑色(见图 44，图 45)，淤血变黑的羽毛管易断裂、脱落(见图 46，图 47)。

图 46　鸭出血症临床症状——翅羽毛管断裂

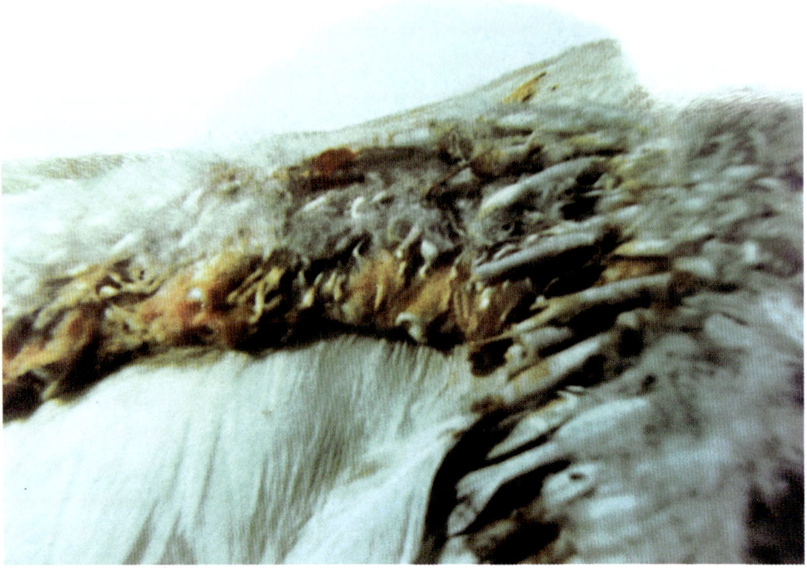

图 47　鸭出血症临床症状——翅羽毛管脱落

2.发绀　病死鸭喙端、爪尖、足蹼末梢　　周边发绀，也呈紫黑色(见图 48，图 49)。

图 48　鸭出血症临床症状——上喙发绀，呈紫黑色

图 49　鸭出血症临床症状——足蹼发绀，呈紫黑色

3.口流黄水　病、死鸭口、鼻中流出黄色液体，玷污上喙前端和口部周围羽毛，有的羽毛甚至染成黄色(见图 50)。

图 50　鸭出血症临床症状——口腔流出黄色液体

剖检病变　本病的特征性剖检病变为组织脏器出血或淤血，具体表现为：

1.肝脏　肝脏稍肿大，呈树枝样出血(见图51)或淤血，并偶见个别白色坏死点。

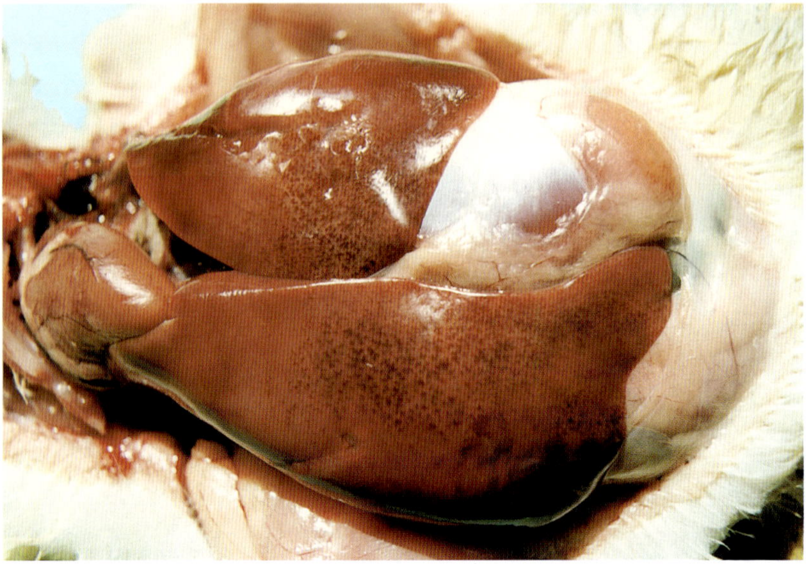

图 51　鸭出血症剖检病变——肝脏表面树枝状出血

2.胰腺　胰脏常出血，可见出血点或出血斑或整个胰腺均出血呈红色(见图52，图53)。

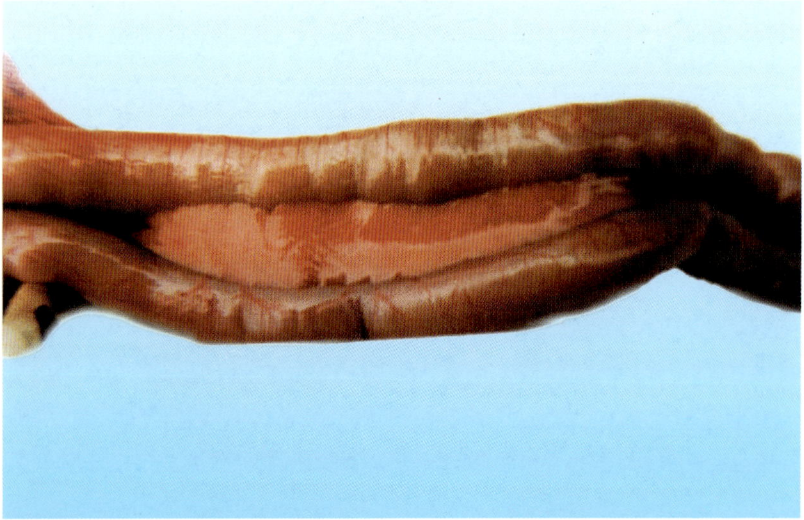

图 52　鸭出血症剖检病变——胰脏出血

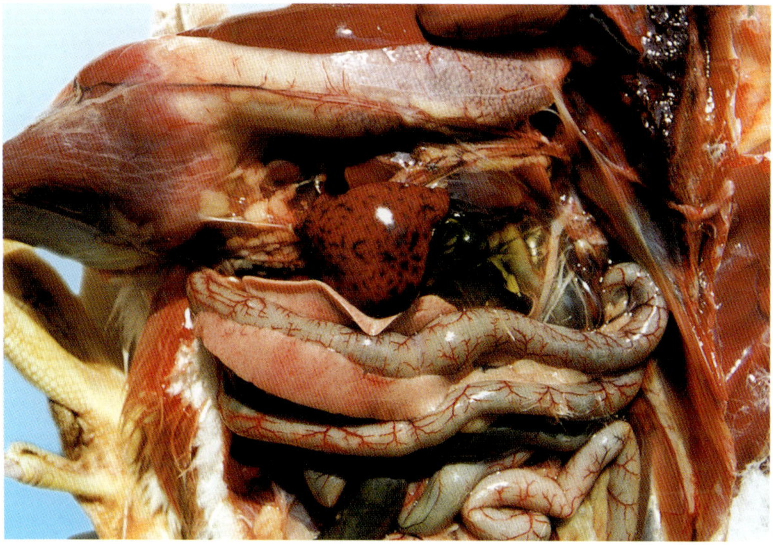

图 53　鸭出血症剖检病变——脾脏表面出血斑点和呈树枝样出血

3.消化道　小肠、直肠、盲肠明显出血，有时在小肠段可见出血环(见图 54 至图 56)。

图 54　鸭出血症剖检病变——十二指肠粘膜出血

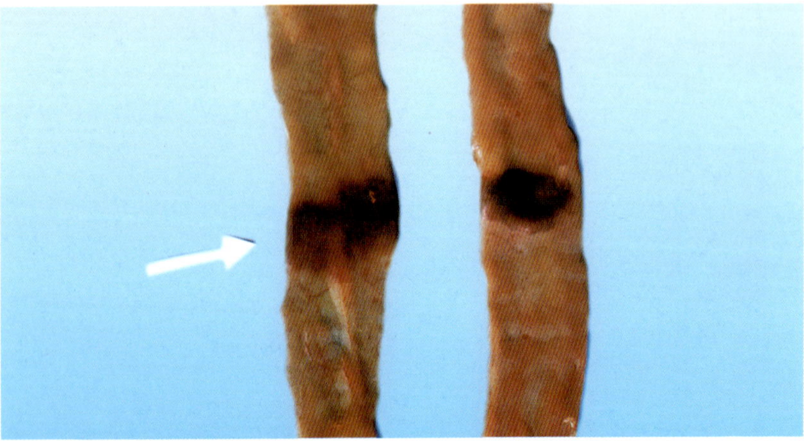

图 55　鸭出血症剖检病变——小肠粘膜环状出血带

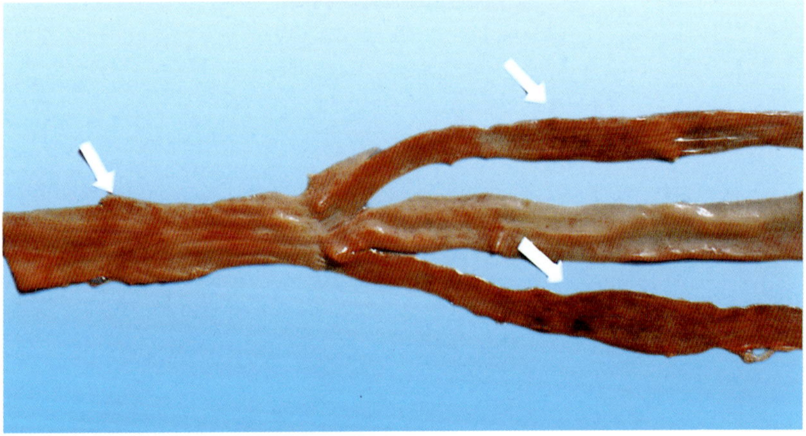

图 56　鸭出血症剖检病变——回肠、直肠、盲肠粘膜出血

4.其他　脾脏、肾脏、大脑等出血或淤血(见图 53)。

诊断

1.临床诊断　据该病特征性临床症状和剖检病变，不难做出诊断。

2.实验室诊断　该病的确诊有赖于病毒的分离鉴定、中和试验和免疫荧光试验等方法。

3.类症鉴别

(1)本病与鸭瘟的区别　见鸭瘟一节。

(2)本病与鸭霍乱的区别　鸭霍乱是由禽多杀性巴氏杆菌引起各种鸭的一种接触性传染病，又名鸭巴氏杆菌病或鸭出血性败血症，临诊上以高发病率、高病死率、死亡快、其他禽类也可感染发病死亡、皮下脂肪、心冠脂肪和心肌外膜出血、肝脏大量白色坏死点为特征，而且应用抗菌药物治疗有效。而鸭出血症仅侵害鸭，以双翅羽毛管发黑、发病率与病死率不高、肝脏一般无白色坏死点、肝脏淤血或表面呈树枝样出血、胰脏出血等为临诊特征，抗菌药物治疗无效。根据两者的临诊特征不难加以区别。

(3)本病与鸭球虫病的区别　鸭球虫病是由鸭球虫(泰泽属球虫、艾美耳属球虫、温扬属球虫或等孢属球虫)引起鸭高发病率、高病死率的一种寄生虫病。在临诊上有小肠型球虫病和盲肠型球虫病两种，多见于20～40日龄鸭，以排暗红色或桃红色稀粪、十二指肠或盲肠粘膜有针尖大的出血点或出血斑、并带有淡红色或深红色胶冻样血性粘液为特征，发病率30%～90%，病死率20%～70%，病鸭死亡多集中于发病后3～5天内，可用抗球虫药或磺胺类药物治疗。而鸭出血症可侵害不同日龄鸭，病死鸭除肠道出血外，肝脏、脾脏、胰腺、肾脏等均有不同程度的出血，且用药治疗无效。

(4)本病与种鸭坏死性肠炎的区别　种鸭坏死性肠炎是多发生于种鸭的一种疾病，临诊上以秋冬季节多发，病鸭体弱，食欲缺乏，不能站立并突然死亡和肠道粘膜坏死为特征。而本病可发生于不同日龄的鸭，种鸭发生出血症时除肠道出血外，胰脏、肝脏、肾脏等均有不同程度的出血。

防制措施

1.预防　不同鸭场可根据其不同的发病特点采取不同的预防措施。有的鸭场本病的发生多集中于某一日龄段(如20～35日龄)，而其他日龄少见或不发病，对于这种情形，仅需于易感日龄前2～3天注射鸭出血症高免蛋黄抗体(1.0～1.5 ml/羽)即可。而有的鸭场在某一日龄(如20日龄)以上均有发病，对于这种情形则需于8～10日龄(即在易感日龄前10～12天)颈部背侧皮下或腿部腹股沟皮下注射鸭出血症灭活疫苗0.5～1.0 ml/羽即可预防该病。

2.控制措施

在鸭群发生本病时，除加强管理和消毒外，应尽早注射鸭出血症高免蛋黄抗体(1.5～3.0 ml/羽),同时投用广谱抗菌药物以防继发细菌性疾病。

鸭传染性浆膜炎

鸭传染性浆膜炎是危害商品肉鸭的主要传染病之一。近年来在我国广大的养鸭地区广泛存在，大多数商品肉鸭场均有不同程度流行，是造成肉鸭死亡和胴体废弃的重要原因。

病原　本病病原为鸭疫里默氏菌，为革兰氏阴性短杆菌、不形成芽胞、无运动性，单个、成双或呈短链状排列，大小为0.2～0.4 μm×1～5 μm。瑞氏染色两极着染稍深。

目前已报道该菌共有21个血清型。

流行病学特点

1.易感日龄　1～7周龄鸭对本病敏感，但多发于10～30日龄雏鸭。

2.感染途径　本病主要经呼吸道感染，脚蹼刺种、肌注等途径也可引起发病、死亡。

3.发病率与死亡率　自然感染发病率

一般为20%～40%，有的鸭群可高达70%；发病鸭死亡率为5%～80%不等。感染耐过鸭多转为僵鸭或残鸭。不同品种鸭发病率和死亡率差异较大，其中北京鸭、樱桃谷鸭和番鸭发病率和死亡率较高。

4.促发因素　本病于冬春季多发，环境卫生差、饲养密度过高、通风不良等均可促发本病。

临床症状　感染鸭临床表现为精神沉郁、蹲伏、缩颈、头颈歪斜、步态不稳和共济失调(见图57，图58)，粪便稀薄呈绿色或黄绿色。随着病程的发展，部分病鸭转为僵鸭或残鸭，表现为生长不良、极度消瘦。

图57　鸭传染性浆膜炎临床症状——精神沉郁，缩脖

图58　鸭传染性浆膜炎临床症状——头颈歪斜

病理变化　最明显的剖检病变为纤维素性心包炎、肝周炎、气囊炎和脑膜炎，脾脏肿大、呈斑驳样(见图59至图64)。体表局部慢性感染病鸭在屠宰去毛后可见局部肿胀，表面粗糙、颜色发暗，切开后见皮下组织出血，有多量渗出液。

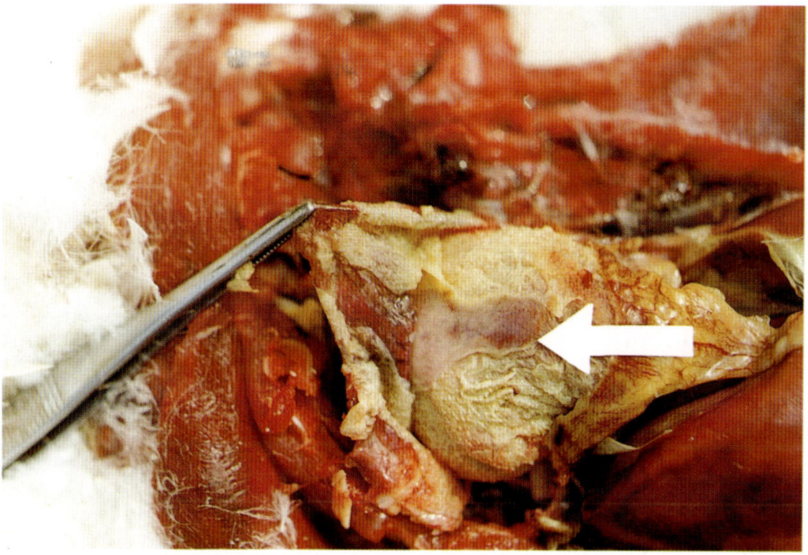

图59 鸭传染性浆膜炎剖检病变
——心包炎，心包严重粘连，心脏表面大量纤维素性、干酪性渗出物

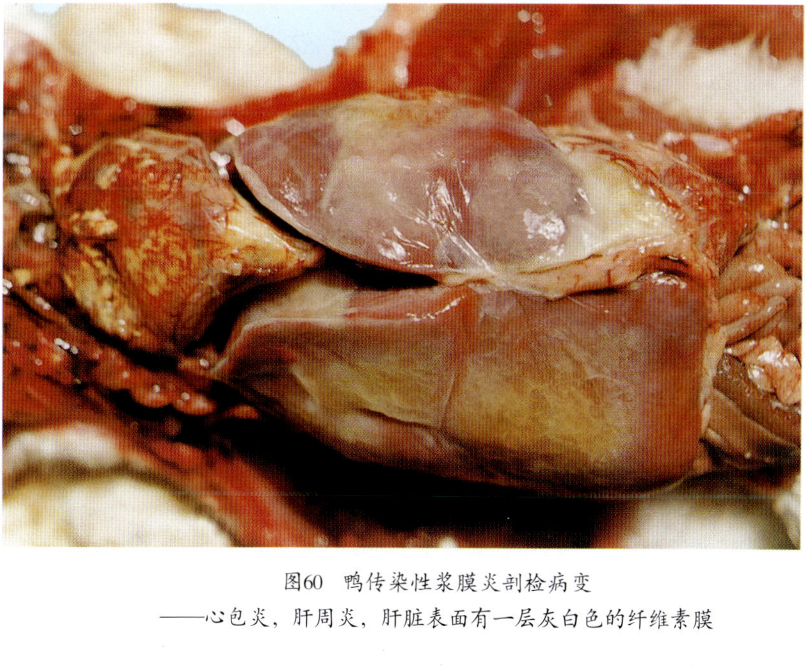

图60 鸭传染性浆膜炎剖检病变
——心包炎，肝周炎，肝脏表面有一层灰白色的纤维素膜

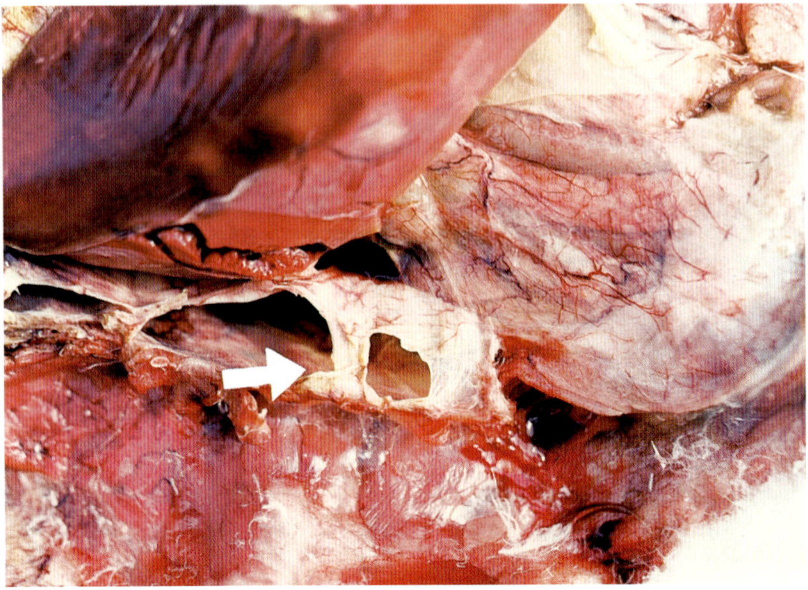

图 61　鸭传染性浆膜炎剖检病变——气囊炎，气囊壁增厚、不透明

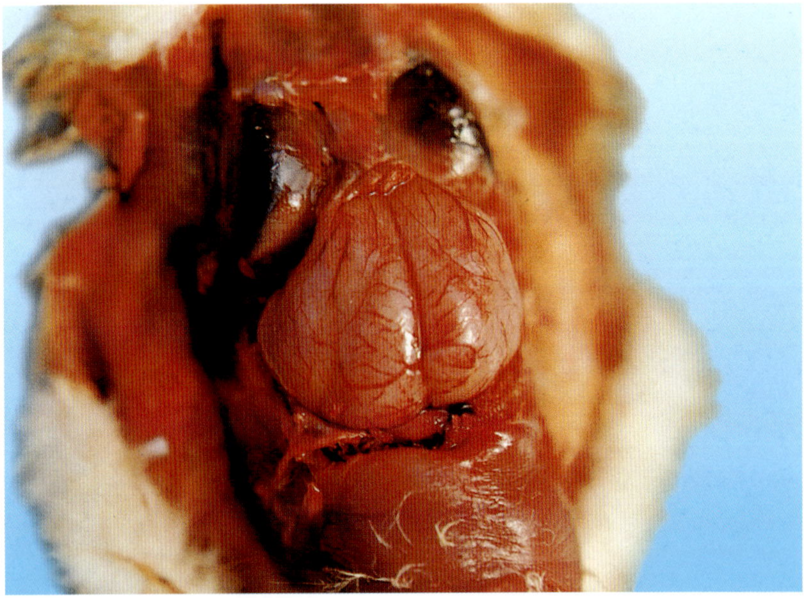

图62　鸭传染性浆膜炎剖检病变——脑膜充血、出血

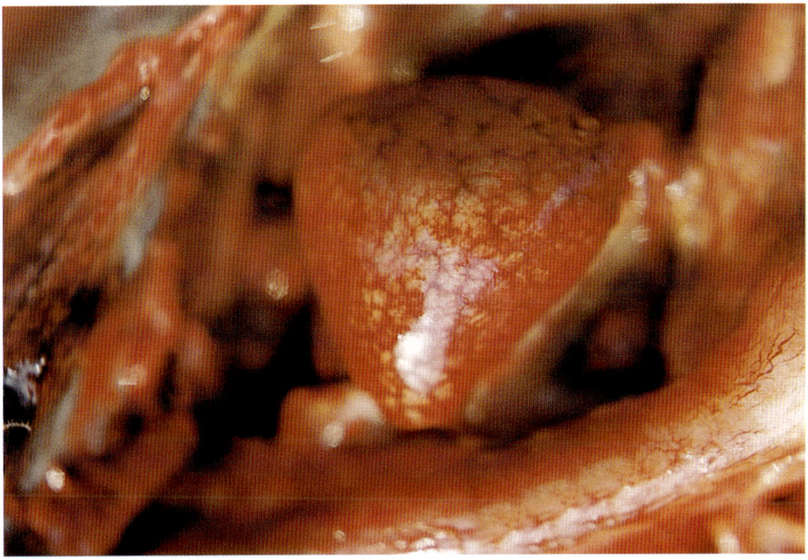

图63　鸭传染性浆膜炎剖检病变——脾脏肿大，表面斑驳，呈大理石样外观

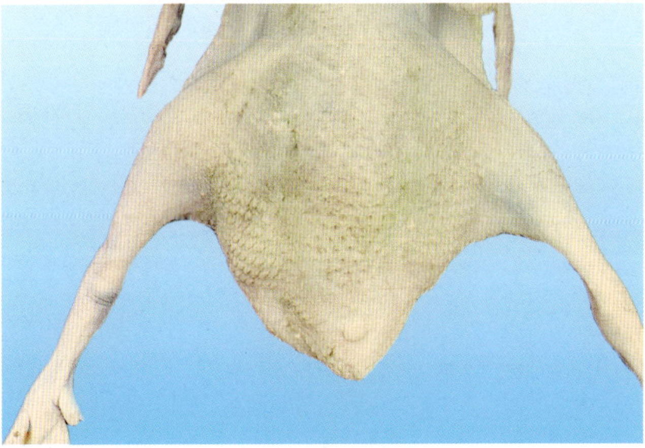

图64　鸭传染性浆膜炎局部感染

诊断

1.临床诊断　根据该病典型的临床症状和剖检病变，结合流行病学特点，一般可初步诊断。

2.实验室诊断

(1)荧光抗体技术　取病死鸭肝脏、脾脏或脑组织触片，丙酮固定，然后用直接或间接免疫荧光抗体技术进行检测，可见组织触片中菌体周边荧光着染发亮，中央稍暗，呈散在分布或成簇排列。

(2)细菌分离鉴定 取病变组织接种于胰酶大豆琼脂平板(TSA)或巧克力琼脂平板，置于5%～10% CO_2培养箱中37℃培养24小时，可见表面光滑、稍突起，直径为1～1.5 mm的圆形露珠样小菌落。然后取典型菌落以标准阳性血清作玻片凝集试验或荧光抗体染色进行鉴定。

3.类症鉴别 本病在临床诊断上应注意与雏鸭大肠杆菌病、衣原体感染相区别。根据在麦康凯琼脂上能否生长可将本病和大肠杆菌病区别开，而衣原体在人工培养基上不生长。

防制措施

1.管理措施 预防本病首先要改善育雏室的卫生条件，特别注意通风、保持干燥、防寒及降低饲养密度，地面育雏要勤换垫料。做到“全进全出”，以便彻底消毒。

2.免疫预防 雏鸭在4～7日龄接种鸭传染性浆膜炎灭活油佐剂疫苗可以有效地预防本病的发生，肉鸭免疫力可维持到上市日龄。由于鸭疫里默氏菌的血清型较多，疫苗中应含有主要血清型菌株。由于雏鸭对传染性浆膜炎和大肠杆菌病都较易感，可使用鸭传染性浆膜炎和大肠杆菌联苗来同时预防这两种疾病。美国已研制出1、2和5型鸭疫里默氏菌弱毒疫苗。

3.药物防治 应根据细菌的药敏试验结果选用敏感的抗菌药物进行预防和治疗。目前较常用的防治药物有氯霉素、喹诺酮类药物等。

鸭大肠杆菌病

鸭大肠杆菌病是指由致病性大肠杆菌引起的全身或局部感染性疾病，主要包括大肠杆菌性败血症、腹膜炎、生殖道感染、脐炎/卵黄囊感染、蜂窝质炎等。

病原

大肠杆菌为革兰氏染色阴性杆菌，大小为2～3μm × 0.6μm，能够在大多数培养基中生长良好。在麦康凯琼脂上生长形成红色菌落。大多数大肠杆菌作为人和动物肠道的正常菌，对鸭为非致病菌，只有少数血清型具有致病性，或者在鸭体免疫功能下降或饲养环境恶劣时引起鸭发病。

流行病学特点

1.易感日龄 各种年龄的鸭均可感染，其中以2～6周龄多见。

2.感染途径 呼吸道是一条重要的感染途径，其他途径，如伤口及成年鸭生殖道感染、种蛋污染等均可能导致感染的传播。

3.发病率和死亡率 在商品肉鸭中死亡可高达50%左右，而且常常与鸭传染性浆膜炎同时存在于鸭群中。成年鸭和种鸭主要为零星死亡。

天气寒冷，鸭舍地面潮湿时发病率较高。育雏温度过低也可增加本病的发生。

临床症状

1.卵黄囊感染的雏鸭主要表现为脐炎(大肚脐)，雏鸭精神不振，行动迟缓，拉稀，泄殖腔周围粪便沾染等。

2.育雏或育成阶段大肠杆菌性败血症的表现与传染性浆膜炎基本相似。气囊感染时可见有明显的呼吸困难。

3.成年鸭大肠杆菌感染病程往往相对

缓慢，表现为精神沉郁，喜卧，不愿走动，站立或行走时腹部有明显的下垂。在种(蛋)鸭还表现产蛋量稍下降、产异常蛋以及病鸭腹部下垂等。

剖检病变 卵黄囊感染时可见腹部鼓胀，卵黄吸收不良及肝脏肿大等。

大肠杆菌性败血症的特征性病变是心包炎、肝周炎和气囊炎。心包粘连，心包囊内充满淡黄色纤维蛋白性渗出物(见图65);肝脏肿大表面有一层淡黄色或乳黄色纤维素膜(见图66);气囊壁增厚、浑浊，表面有干酪性渗出物(见图67)。

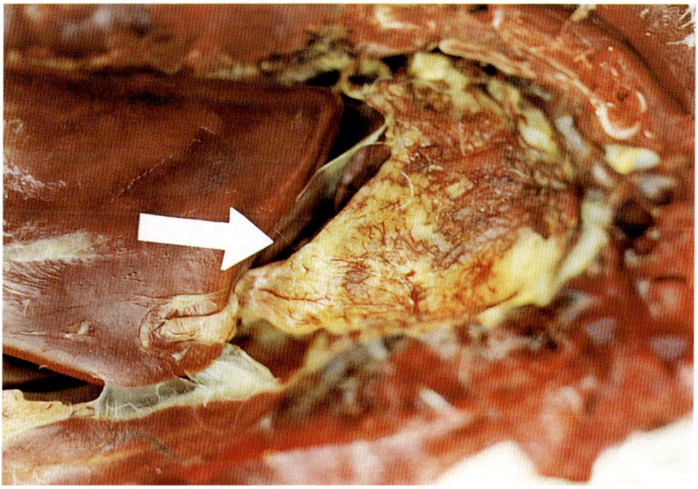

图65 鸭大肠杆菌性心包炎——心包膜有大量黄色纤维蛋白性渗出物，心包粘连

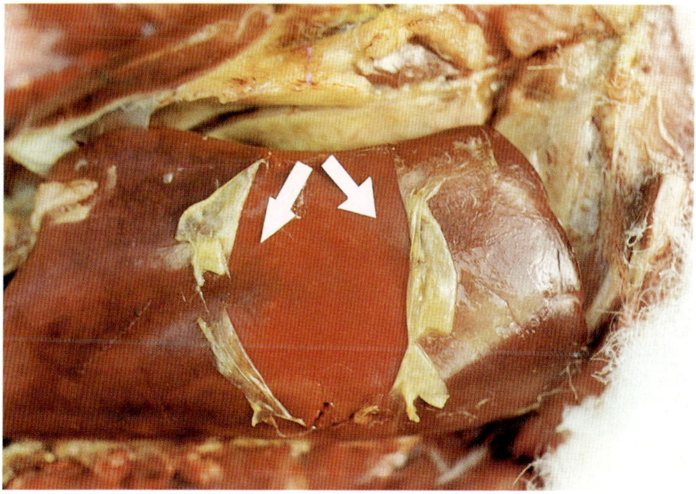

图66 鸭大肠杆菌性肝周炎——肝脏肿大，表面有一层黄色或乳黄色纤维素膜

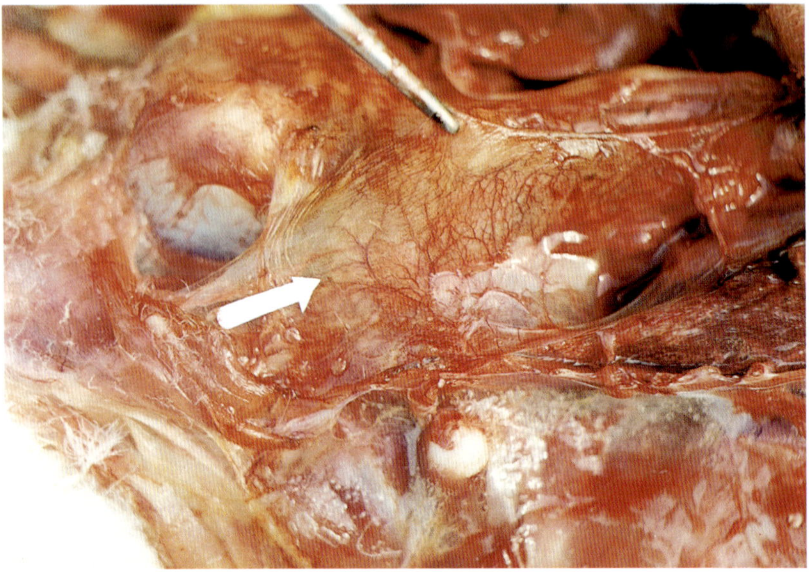

图67 鸭大肠杆菌性气囊炎——气囊壁增厚、浑浊，表面有干酪性渗出物

肺型大肠杆菌病可见肺脏出血或淤血(见图68)。

大肠杆菌性腹膜炎可见腹腔有蛋黄样液体和干酪样渗出物(见图69，图70)。肝脏和脾脏肿大，有时可见表面有纤维素性渗出物。

生殖道感染可见卵泡淤血、出血，有的腹腔内积液(见鸭腹水症一节)(见图71)、破裂、畸形等。输卵管粘膜充血、出血，有大量胶冻样或干酪性渗出物(见图72)。

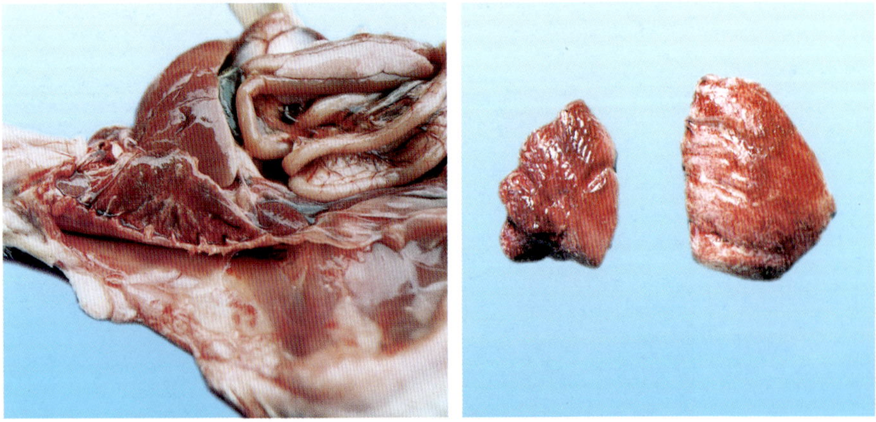

图68 鸭肺型大肠杆菌病——肺脏严重淤血、出血

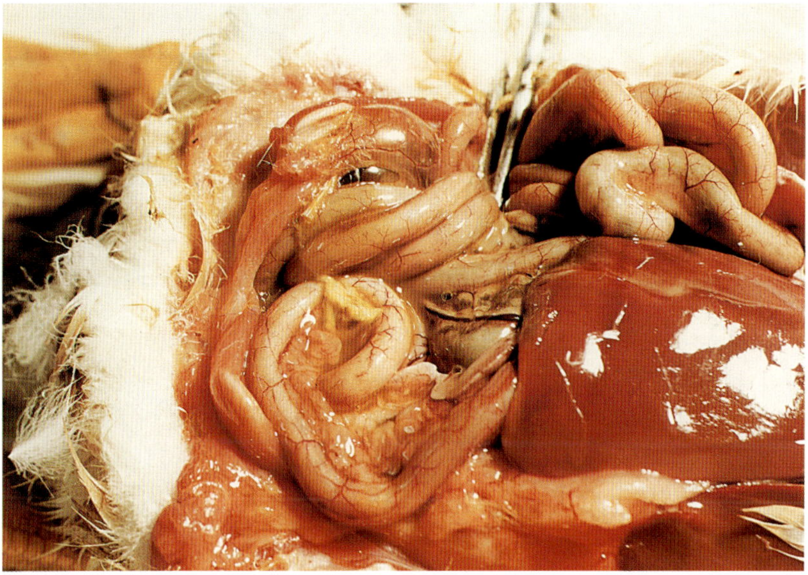

图69　鸭大肠杆菌性腹膜炎——腹腔有浑浊的渗出液及干酪样渗出物

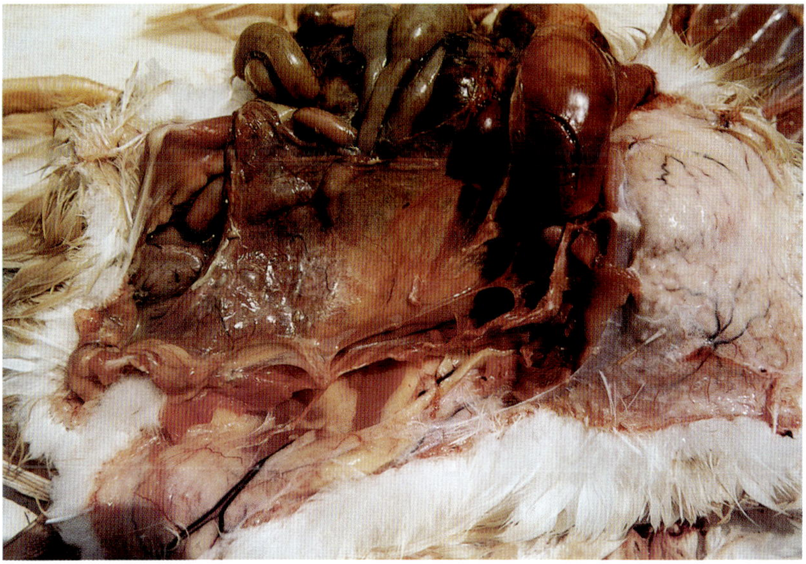

图70　鸭大肠杆菌性腹膜炎——腹膜增厚、浑浊

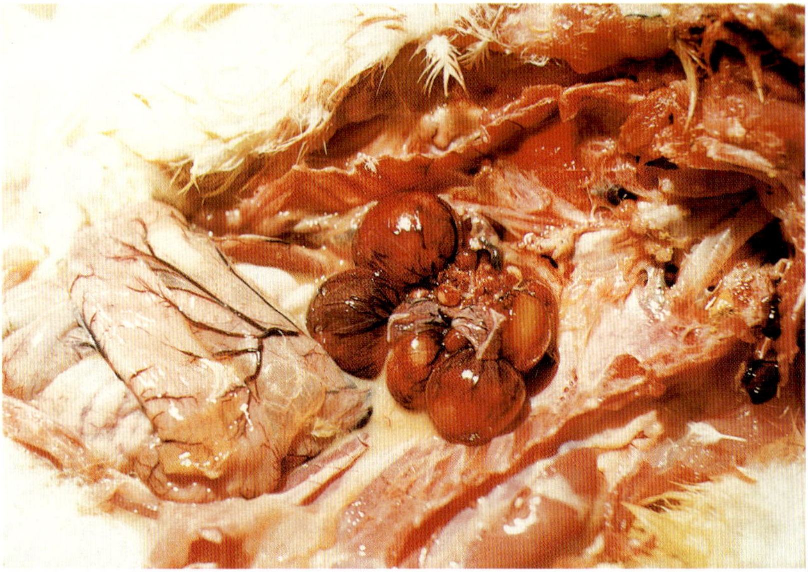

图71　种鸭生殖道大肠杆菌感染——卵泡淤血、出血

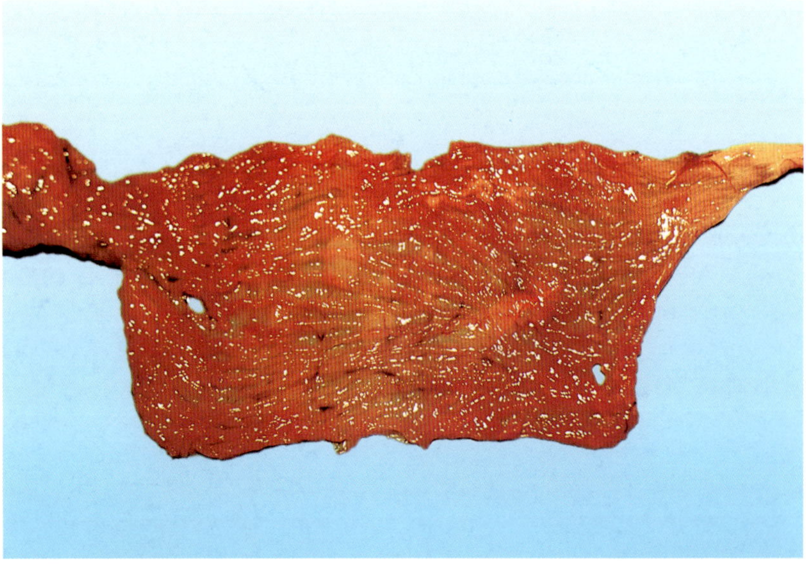

图72　种鸭生殖道大肠杆菌感染——输卵管壁出血，有大量的胶冻样渗出物

诊断

1.临床诊断　根据临床症状、剖检病变等可以初步怀疑为大肠杆菌感染，确诊需要进行病原菌的分离鉴定。

2.实验室诊断　将病料接种于麦康凯琼脂或伊红美兰琼脂上，37℃培养16～24小时，大多数菌落在麦康凯琼脂上呈红色，或者在伊红美琼脂上为黑色并有金属亮光则可做出初步判断，然后可进一步做生化、血清学鉴定。

对于使用过抗生素进行治疗的病例可考虑用选择性培养基进行增菌培养，或者取脑组织(败血症病例)进行分离以提高分离效果。

3.类症鉴别　大肠杆菌性败血症与鸭传染性浆膜炎临床症状和病理变化相近，易于造成误诊，需要进行细菌的分离鉴定才能将其区分开。

防制措施

1.预防

(1)必须做好鸭舍的环境卫生工作，保持鸭舍和运动场地面干燥、通风良好。商品肉鸭饲养实行“全进全出制”。

(2)有水塘的鸭场应保持水体清洁、定期换水和消毒。

(3)种蛋要及时收集并清洁表面的污物，入孵前进行熏蒸或浸泡消毒。

(4)疫苗免疫——接种大肠杆菌灭活疫苗可以有效地预防本病的发生。由于大肠杆菌的血清型比较复杂，在生产中应考虑使用自家苗或多价疫苗。商品肉鸭应用大肠杆菌和浆膜炎联苗效果较好。

2.治疗　大肠杆菌耐药谱很广，而且易产生或获得耐药性，因此在生产中使用药物进行预防和治疗时，要定期更换药物或几种药物交替应用。最有效的方法是根据分离细菌的药敏试验结果来选用适当的抗菌素。

鸭沙门氏菌病

鸭沙门氏菌病，又名鸭副伤寒，是由沙门氏菌属的细菌引起鸭的急性或慢性传染病，雏鸭感染发病时常出现大批死亡，成年鸭常成为带菌者。

病原　该病病原为沙门氏菌，系革氏阴性杆菌，不产生芽胞。大小为0.4～0.6μm×1～3μm。为兼性厌氧菌，能在多种培养基上良好生长。引起鸭感染的沙门氏菌血清型比较复杂，其中以鼠伤寒沙门氏菌、鸭沙门氏菌和肠炎沙门氏菌较多见。

流行病学特点

1.易感动物　沙门氏菌可感染几乎所有的哺乳动物、禽类和人类。

2.易感日龄　主要是1～3周龄雏鸭发病。成年鸭亦可被感染，但往往不表现临床症状。

3.传染途径　该病可通过污染的饲料(尤其是鱼粉、肉骨粉等动物性饲料原料)、饮水等途径直接感染，也可经垫料、用具、鸭场的鼠类等媒介传播。另一个重要的途径是种鸭被感染后经种蛋垂直传播，或者孵化出雏过程中造成传播。

4.发病率和病死率　该病感染雏鸭的发病率和病死率均很高，严重时可高达80%以上。种蛋污染后可引起死胚和孵化率严重下降。

饲养管理差和环境状况不佳对本病的发生有重要的影响。

临床症状 雏鸭感染时常表现为精神沉郁、呆立、垂头闭眼、食欲减退、饮水增加，并且常见下痢，肛门粘有粪便。病鸭眼睑常水肿，鼻内流出浆液性或粘液性分泌物，有的在病后期出现神经症状，痉挛抽搐突然倒地，头向后仰或间歇痉挛，持续几分钟后死亡。

剖检病变 肝脏肿大、边缘钝圆，肝表面色泽不均匀，有时呈灰黄色，肝表面及实质中有细小密集的灰白色坏死点(见图

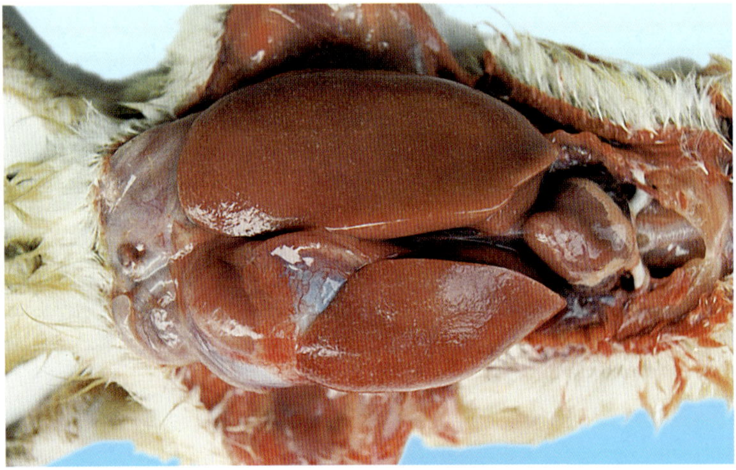

图73 鸭沙门氏菌感染——肝脏肿大，表面有大量针尖大小的白色坏死点

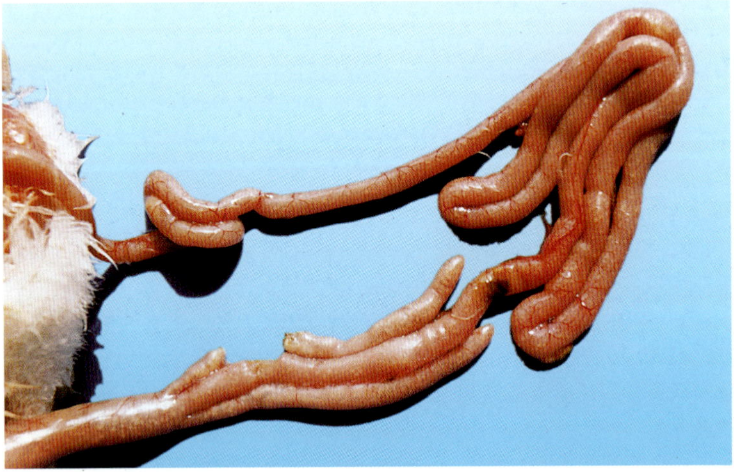

图74 鸭沙门氏菌感染剖检病变——肠壁外观有许多白色坏死点

图75 鸭沙门氏菌感染剖检病变——肠管内部呈糠麸样坏死

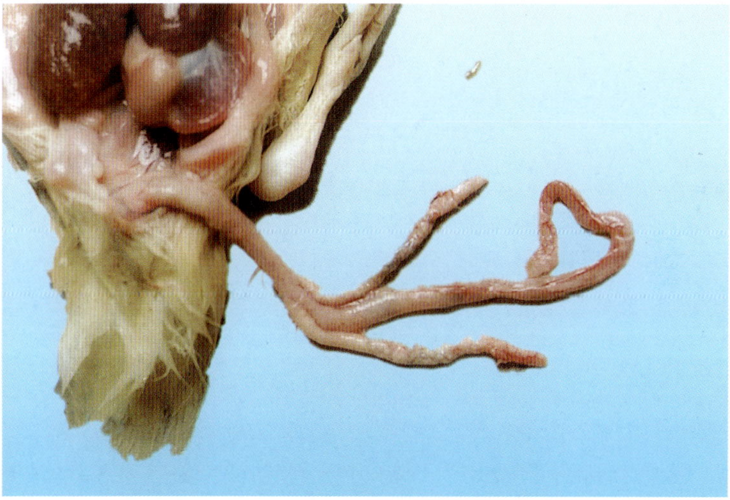

图76 鸭沙门氏菌感染剖检病变——形成盲肠栓子

73)。整个肠道粘膜充血、出血，表面可见针头大的灰白色坏死点(见图 74)。剪开肠道，可见肠粘膜脱落，形成糠麸样的内容物(见图 75)。少部分雏鸭盲肠肿大，内有干酪样物质形成的栓子(见图 76)，胆囊肿胀，充满胆汁。气囊混浊不透明，肾脏色泽较淡，有尿酸盐沉积。

某些沙门氏菌(如肠炎沙门氏菌)感染可引起心包炎和肝周炎等病变(见图77)。

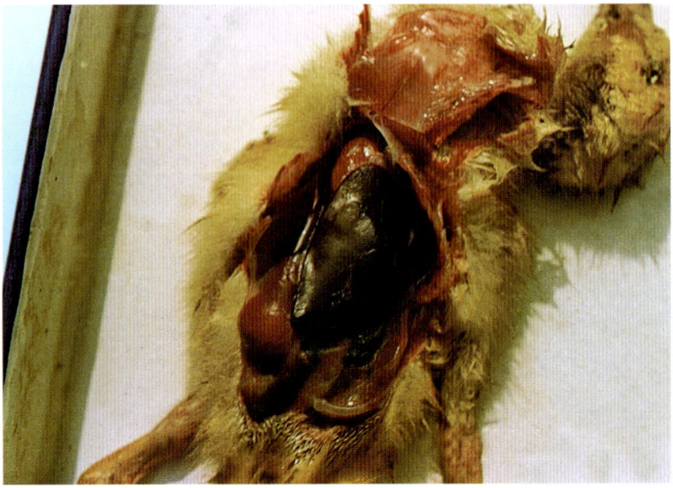

图77 鸭沙门氏菌人工感染剖检病变——出现典型的心包炎和肝周炎，肝脏表面有一层纤维素膜

诊断

1.临床诊断 根据流行病学、临床症状和剖检变化，综合分析后可做出初步诊断。确诊需进行病原分离和鉴定。

2.实验室诊断——细菌培养和鉴定 取病死鸭的肝或心血，接种于麦康凯琼脂平板或胰酶大豆琼脂平板上，37℃培养24小时后，观察菌落特点，取纯培养物进行生化和血清学鉴定。

对于使用过抗生素治疗的病例、种蛋及饲料进行检测时可考虑先采用选择性培养基增菌培养。

3.类症鉴别 鸭沙门氏菌病应注意与鸭霍乱、鸭传染性浆膜炎相区别。

鸭霍乱一般发生于1月龄以上鸭，且发病与死亡比鸭沙门氏菌病快，心脏和心冠脂肪出血，肠道肿胀、臌气、内充满胶胨样内容物，且有一种特殊的腥臭味等。

鸭沙门氏菌病与鸭传染性浆膜炎的区别主要是根据鸭沙门氏菌病的特征剖检变化(肝有灰白色坏死灶，盲肠肿大)加以区分。

防制措施

1.预防 该病应采取综合性防治措施，才能收到预期的效果。

(1)雏鸭必须与成年鸭分开饲养，以防患病时相互感染。患病母鸭所产的蛋不能留作种用。

(2)加强雏鸭饲养管理，冬季注意防寒保暖，夏季要避免地面潮湿。鸭舍和运动场要定期消毒。

(3)及时收集种蛋并清除表面污物，入孵前进行消毒(用福尔马林熏蒸或消毒液浸泡)。孵化和出雏用具必须保持清洁，定期消毒。

2.治疗 喹诺酮类药物、磺胺类药物及庆大霉素、氯霉素等可用于预防和治疗本病，但因沙门氏菌极易产生耐药性，所以最好是根据药敏试验结果选择敏感的抗菌药物进行治疗。

鸭霍乱

鸭霍乱，又称为鸭出败，是由多杀性巴氏杆菌引起的接触性传染病。

病原 禽多杀性巴氏杆菌是一种革兰氏阴性、不运动、有荚膜、不形成芽胞的短杆菌。在添加血液或血清的培养基上形成露滴样小菌落。新分离的培养物、组织和血液涂片中的细菌用姬姆萨或瑞氏染色呈两极浓染。

流行病学特点

1.易感日龄　各种日龄各种品种的鸭均易感染本病，产蛋鸭最为易感。此外，鸡也可感染霍乱。

2.感染途径　主要通过消化道和呼吸道传染。

3.流行形式　强毒力菌株感染后多呈败血性经过，急性发病，病死率高，可达30%～40%，较弱毒力的菌株感染后病程较慢，死亡率亦不高，常呈散发性。

4.促发因素　断水断料、突然改变饲料，天气的突变等环境应激因素都可使鸭出败的易感性提高。

临床症状

1.急性型　表现体温升高、食欲减少、口、鼻分泌物增多而引起呼吸困难、摇头企图甩出喉头粘液，腹泻。

2.慢性型　常表现为慢性关节炎、肺炎、气囊炎等，此病例临床上少见。

剖检病变 急性病例明显的剖检病变为急性败血症，心冠脂肪上有出血点(见图78)，肝、脾肿大，表面有针尖大的灰白色坏死点(见图79)，肠道出血严重(以十二指肠最为严重)(见图80)、肠内容物呈胶冻

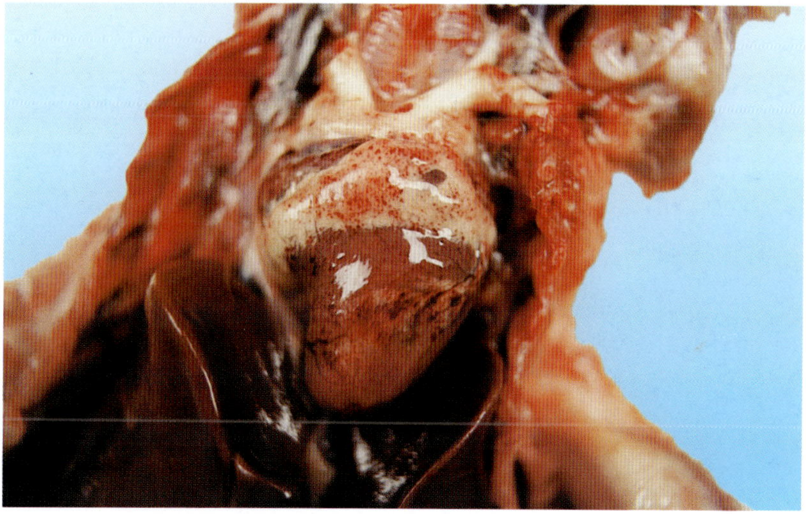

图78　鸭霍乱剖检病变——心脏冠状脂肪和心肌出血

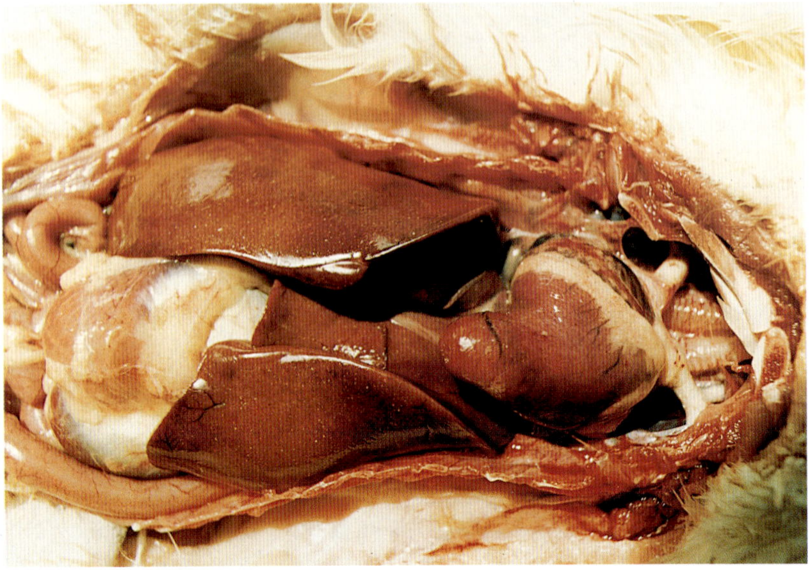

图79　鸭霍乱剖检病变——肝脏有散在的针尖大小白色坏死点

样，肠淋巴集结环状肿大、出血(见图81)，有的腹部皮下脂肪出血(见图82)，产蛋鸭卵泡出血、破裂。

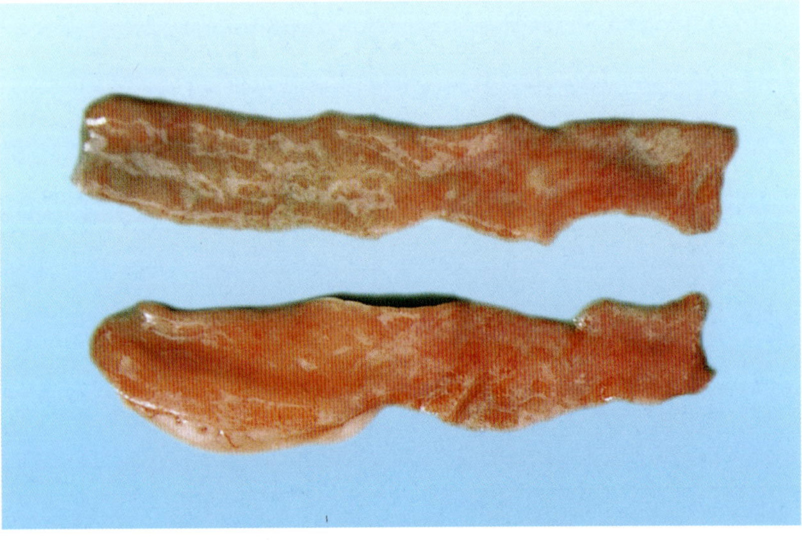

图80　鸭霍乱剖检病变——十二指肠粘膜出血

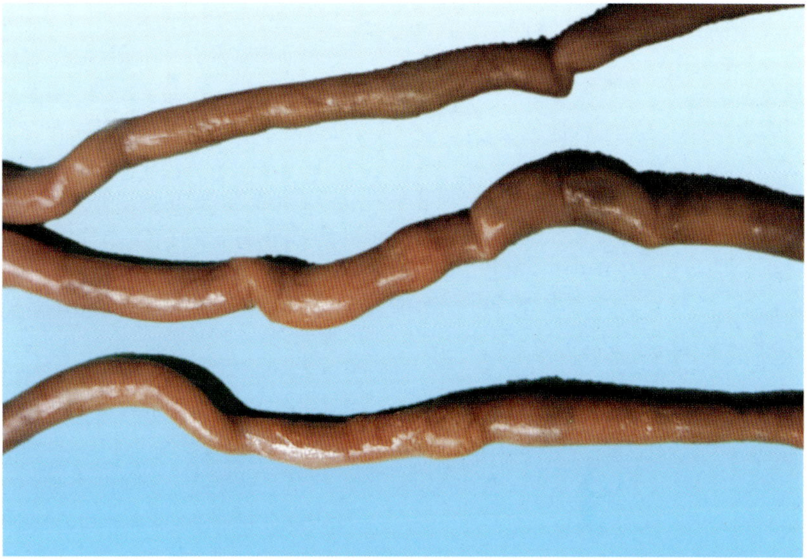

图81 鸭霍乱剖检病变——肠道外观变红

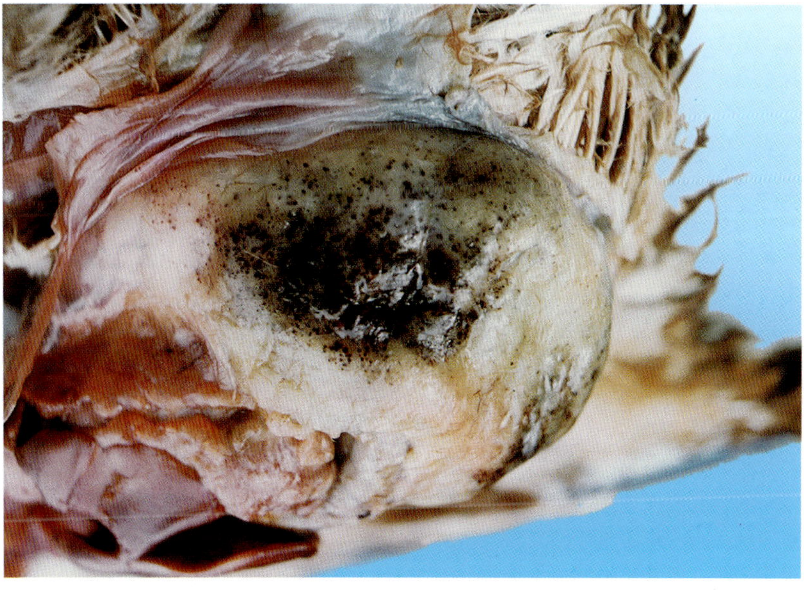

图82 鸭霍乱剖检病变——腹部皮下脂肪出血

诊断

1.临床诊断　根据该病典型的临床症状和剖检病变，结合流行病学特点，一般可初步诊断。

2.实验室诊断　无菌采取病死鸭的肝脏或心血，接种于马丁琼脂平板或血液平板，分离到的细菌瑞氏染色后，发现两极着染短杆菌(直接取感染组织触片染色细菌形态更加典型)可对鸭霍乱做出初步诊断。之后对细菌做进一步的生化和血清学鉴定。

3.类症鉴别　应注意与鸭球虫病、鸭瘟及鸭出血症的区别。鸭球虫病也可见小肠的出血性变化，但心、肝几乎无病变。而与鸭瘟、鸭出血症的区别见鸭瘟、鸭出血症两节。

防制措施

1.管理措施　清除多杀性巴氏杆菌的贮存宿主(病禽或康复而仍携带病菌的家禽)、改善卫生条件、减少应激，可以有效地预防鸭霍乱。

2.预防　在鸭霍乱流行地区，应当考虑免疫接种，可供选用的疫苗有：禽霍乱荚膜亚单位疫苗、禽霍乱弱毒疫苗、禽霍乱灭活苗等，选用后两种疫苗时应考虑当地流行的禽多杀性巴氏杆菌的血清型型别。建议免疫程序如下：

(1)肉用鸭　于20～30日龄免疫一次即可。

(2)蛋(种)用鸭　于20～30日龄首免，于开产前半个月二免，开产后每半年免疫一次。

3.药物防治　应根据细菌的药敏试验结果选用敏感的抗菌药物进行预防和治疗。目前常用的药物有喹乙醇、灭败灵、磺胺-5-甲氧嘧啶、复方新诺明及喹诺酮类药物等。

鸭变形杆菌病

鸭变形杆菌病是由肠杆菌科变形杆菌属的奇异变形杆菌引起雏鸭的一种细菌性传染病，过去该病少见发生，然而近些年来随着鸭群饲养密度的加大，该病单一感染或混合感染时有发生，不容忽视。

病原　该病病原为奇异变形杆菌，该菌为革兰氏阴性、无荚膜、无芽胞的细菌；形态大小不一，主要为短杆状，偶见球状、长丝状；大多呈单个散在排列，少数成对或呈短链状或成簇排列。在马丁琼脂平板、血琼脂平板、麦康凯琼脂平板、胰酶大豆琼脂平板上及马丁肉汤中均可生长。

流行病学特点

1.易感动物　鸭、鸡等均可感染发病。

2.易感日龄　多发于3～30日龄的雏鸭。

3.发病率与病死率　与发病鸭日龄密切相关，日龄愈小，发病率、病死率愈高，病死率达38.4%。

本病多见于冬春寒冷季节和春夏之交的潮湿季节。有时并发或继发于其他常见的鸭病(如鸭传染性浆膜炎、雏鸭病毒性肝炎或雏番鸭细小病毒病等)。

临床症状　该病病鸭主要表现为体温升高、呼吸急促(张口呼吸)(见图83)、咳嗽、打喷嚏、流涎、排白色或绿色稀粪。

剖检病变 喉头和气管粘膜出血或气管内充满粘液性分泌物或积有血凝块或黄色干酪样物(见图84，图85);肺水肿、弥漫性出血或淤血(见图86)，切面呈大理石样;肝、脾肿大稍出血;气囊炎、气囊壁附有大量黄色干酪样物(见图87);胆囊膨胀。

图83 鸭奇异变形杆菌病临床症状——呼吸困难，张口呼吸

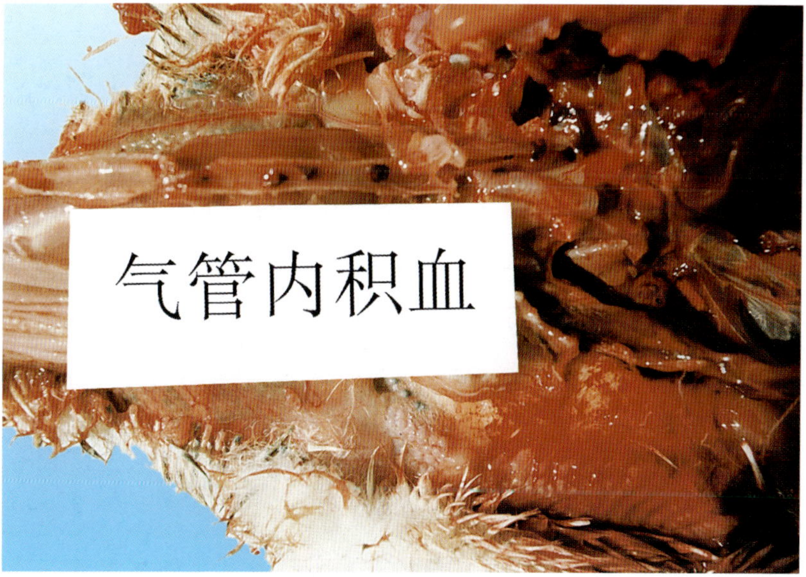

图84 鸭奇异变形杆菌病临床症状——气管粘膜出血，有血凝块

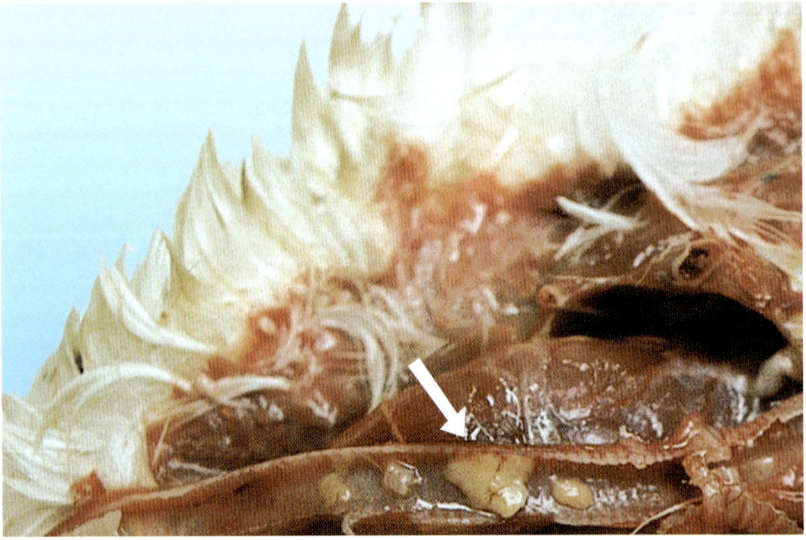

图85　鸭奇异变形杆菌病剖检病变——气管内有干酪样渗出物

图86　鸭奇异变形杆菌病剖检病变——肺脏淤血、出血

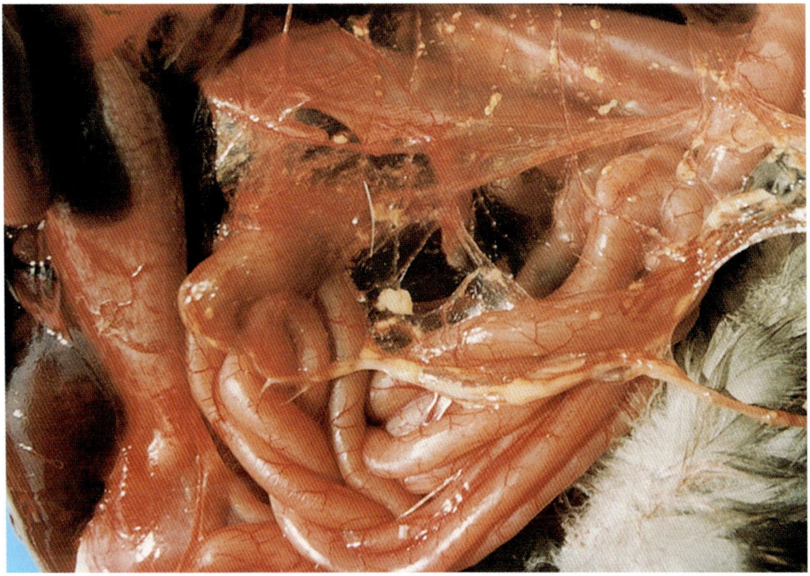

图87　鸭奇异变形杆菌病剖检病变——气囊壁有大量的干酪样渗出物

诊断

1.临床诊断　根据发病鸭的临床症状和病死鸭的剖检病变，一般可做出初步诊断。

2.实验室诊断　该病的确诊有赖于实验室的细菌分离、鉴定以及人工感染试验。

3.鉴别诊断　在临诊中该病易与鸭呼吸道型大肠杆菌病、鸭流感等相混淆，鸭呼吸道型大肠杆菌病发病率高，但病死率低，而且各种日龄鸭均可感染发病。而鸭流感可侵害各日龄鸭，商品肉鸭发病率及病死率高，患流感病鸭往往有明显的神经症状，剖检病变除呼吸道病变外，还可见胰腺大量白色坏死点或透明样的坏死点或坏死灶。

防制措施

1.鸭场要强化卫生管理制度，定期打扫、清洗和消毒场地、用具等。

2.发生该病时应尽快确诊，在进行药敏试验的基础上选择高敏药物进行治疗，目前有新霉素、林可霉素、丁胺卡那霉素、利福平及氯霉素等抗菌药物可供选用。

鸭伪结核病

鸭伪结核病是由伪结核耶尔森氏菌引起鸭的一种细菌性传染病，在临诊上多以脏器(肝、脾、肺等)出现类似结核样病变的黄白色坏死结节为特征。

病原　该病的病原为伪结核耶尔森氏菌，革兰氏阴性球杆菌，呈多形性，大小为0.4～0.88 μm×0.6～1.7 μm，无荚膜，不形成芽胞，具微抗酸性，显微镜下观察多呈单个或成对排列，且常呈两极浓染。本菌为兼性厌氧菌，最适生长温度为25～30℃，在普通琼脂、麦康凯琼脂和普通蛋白胨肉汤中生长良好，在血琼脂上不溶血，于SS琼脂上不生长。

流行病学特点

1.易感动物　本病可发生于鸭、鹅、火鸡、鸡、珍珠鸡以及一些鸟类。

2.易感日龄　雏鸭和中鸭对本病易感。

3.传染途径　病鸭排泄物污染的土壤、饲料或饮水等经消化道感染是本病传播的重要途径。

4.发病率与病死率　有时发病率高达45%，病死率高达63%。

5.促发因素　应激因素(如受寒、饲养不当)、寄生虫(如蠕虫)侵袭等在本病的发生中起重要作用。

临床症状　患该病病鸭无特征性临床症状，急性病例常突然死亡，表现为败血型。亚急性和慢性病例常出现腹泻、精神沉郁、缩颈、羽毛松乱、消瘦和衰弱。

剖检病变　该病的剖检病变主要见于肝、脾、肺、肾及肠系膜上，尤其是肝脏和脾脏，其表面均见大量黄白色坏死结节(见图88至图93)，肝实质中见大量干酪样坏死灶(见图89)。此外还有肠炎、充血或出血以及气囊增厚或附有大小不等的黄白色坏死结节。

诊断

1.临床诊断　根据该病典型的剖检病变，结合流行病学特点，一般不难做出初步诊断。

2.实验室诊断　本病有赖于该菌的分离与鉴定，以普通琼脂或麦康凯琼脂分离细菌后，以伪结核噬菌体做裂解试验，能被裂解者再与伪结核各型诊断血清做凝集

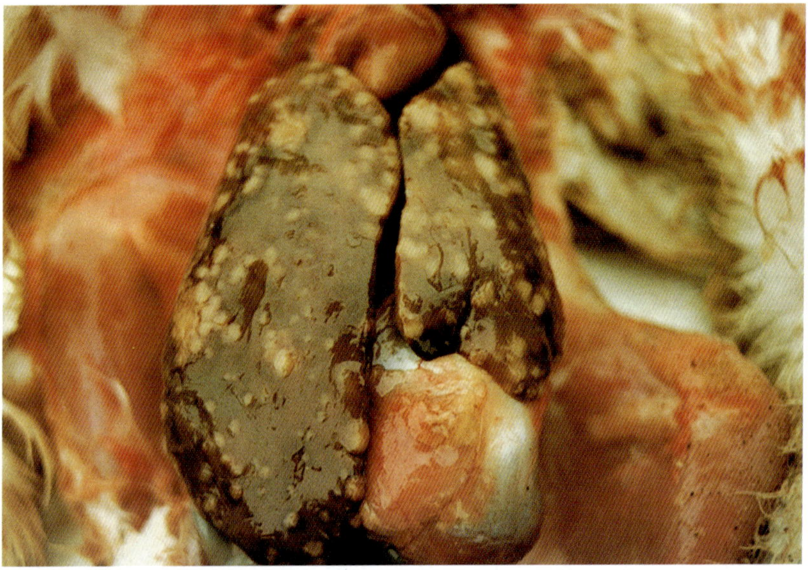

图88　鸭伪结核病剖检病变——肝脏上有大量黄白色的结节

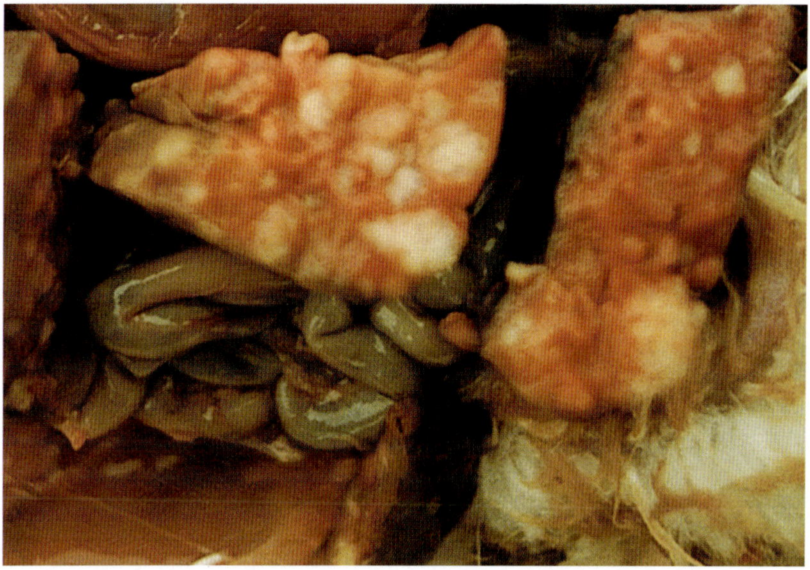

图89 鸭伪结核病剖检病变——肝脏切面可见有大量的坏死结节

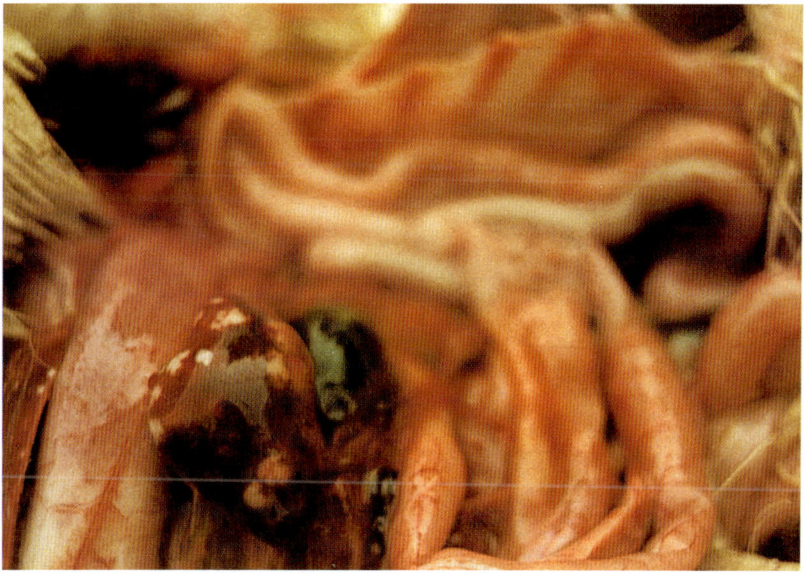

图90 鸭伪结核病剖检病变——脾脏有黄白色的坏死结节

图91 鸭伪结核病剖检病变——肾脏有黄白色的坏死结节

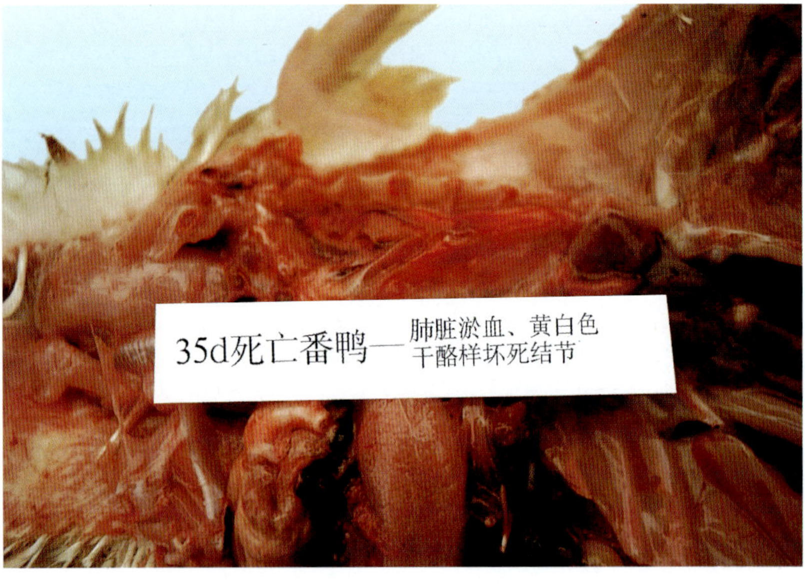

图92 鸭伪结核病剖检病变——肺脏淤血，有黄白色的坏死结节

图93 鸭伪结核病剖检病变——肠壁有黄白色的坏死结节

试验和生化反应进行鉴定。

3.类症鉴别本病在临诊上易与鸭结核病、鸭霍乱、雏鸭副伤寒等相混淆，应根据各病的流行病学特点、临床症状、典型的剖检病变以及病原的分离鉴定等加以区别，可分别参考鸭霍乱、鸭沙门氏菌病等节。

防制措施

1.预防贯彻综合防制措施，加强禽肉、禽蛋和饮用水的卫生监督。

2.治疗发生本病时可采用磺胺-5-甲氧嘧啶或磺胺-6-甲氧嘧啶拌料(0.05%～0.2%)或肌注(0.3～0.5 ml/羽)，连用3～5天，可迅速有效地控制病鸭的死亡和病情的发展。

鸭曲霉菌病

鸭曲霉菌病，又称曲霉菌性肺炎，是由真菌中的曲霉菌引起的，主要侵害呼吸器官。在临床上以雏鸭多发，呈急性、群发性暴发，发病率和死亡率均较高。成年鸭多为散发。

病原 鸭曲霉菌病的病原一般认为是致病力最强的烟曲霉菌，它能形成很多分生孢子，在自然界广泛分布。此外在混合感染的病例中还可分离出黑曲霉、黄曲霉、白曲霉和构巢曲霉等。

流行病学特点

1.易感动物 鸡、鸭、鹅、鸽、火鸡及多种鸟类(水禽、野鸟、动物园的观赏禽等)均有易感性。

2.易感日龄　20日龄内雏鸭的易感性很高，但以4～12日龄为高发期，而成年鸭为散发。

3.感染途径　该病主要经呼吸道和消化道感染而发病，传播媒介是被曲霉菌污染的垫料和发霉的饲料。

4.促发因素　饲养管理不善，饲料粗劣，鸭舍通风不良和高密度饲养，以及卫生条件不良是本病暴发的主要诱因。

临床症状　病鸭精神沉郁，少吃或不吃，不爱走动，常缩颈呆立，两眼半闭状，翅下垂，羽毛粗乱。有的病鸭张口呼吸(见图94)，咳嗽，后腹起伏明显，有时出现间歇性强力咳嗽和出现喘鸣声。气囊破裂时发出特殊的沙哑声。后期出现麻痹症状，有时发生痉挛或阵发性抽搐。急性病鸭在3～5天死亡。慢性病例症状不明显，主要表现为行走困难，喘气，下痢，逐渐消瘦而死亡。

剖检病变　剖检可见喉头和气管粘膜充血，有淡黄色渗出物或霉菌结节。肺脏上可见典型的霉菌结节，从小米粒到绿豆大小不等，结节呈灰白色、黄白色或淡黄色，散在或均匀地分布在整个肺脏(见图95)。气囊膜混浊，变厚，有炎性渗出物覆盖，气囊膜上布满数量和大小不一的霉菌结节(见图96)。有的病例其他脏器、腹腔浆膜上也可见相似的霉菌结节或病斑(见图97，图98)。

诊断

1.临床诊断　根据流行病学、临床症状、剖检病变以及了解有无接触发霉垫料和喂给霉变饲料，可对该病做出初步诊断。

2.实验室诊断　无菌采取肺和气囊中的灰黄色结节或气囊上病斑：

(1)直接检查　取小块病料剪碎，置清洁载玻片上，加15%～20%的氢氧化钾少许，用针划破病料，加盖玻片后，在高倍显微镜下观察，在视野中看到分枝的菌丝，即可做出诊断。

(2)分离培养　取小块病料接种于两个沙堡琼脂平板上，分别于27℃和37℃培养2～3天可见丝绒状菌落(见图99)。

3.鉴别诊断

(1)鸭曲霉菌病与鸭结核病　根据鸭结核病主要发生于种鸭，而鸭曲霉菌病多发

图94　雏鸭曲霉菌病临床症状——呼吸困难，张口呼吸

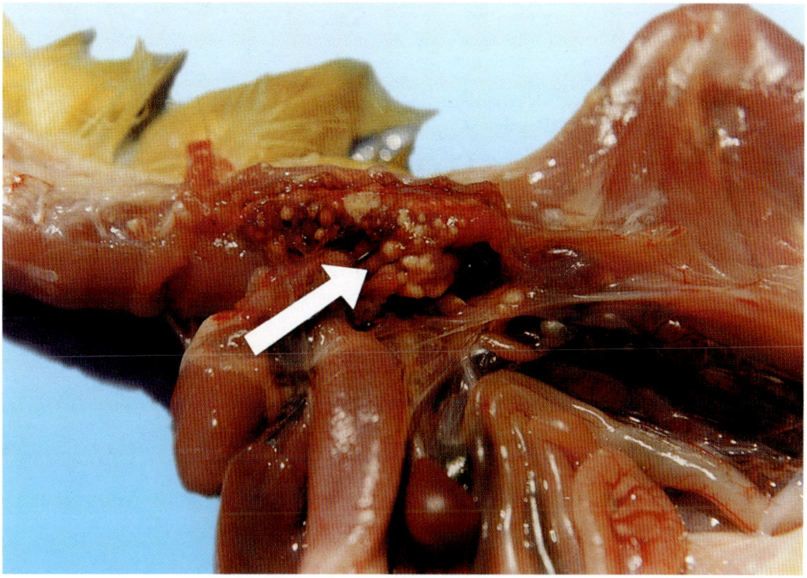

图95　雏鸭曲霉菌病剖检病变——肺脏白色结节

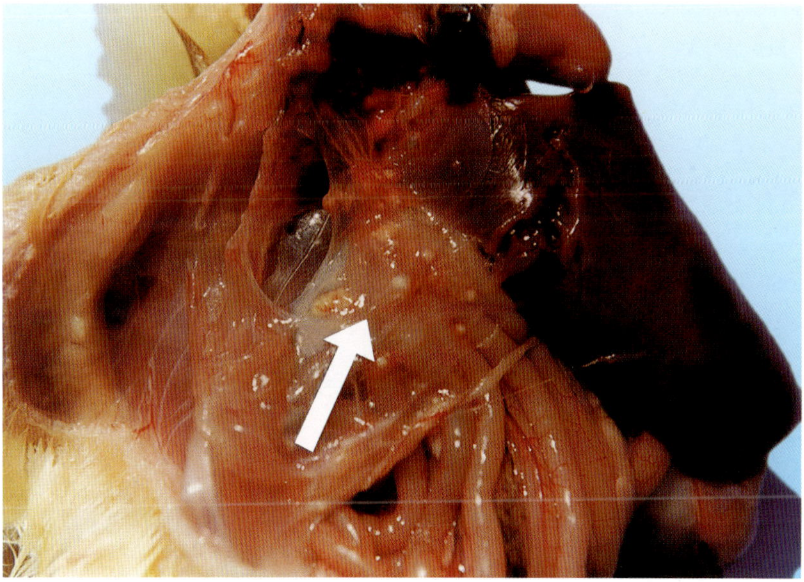

图96　雏鸭曲霉菌病剖检病变——气囊膜上形成白色结节

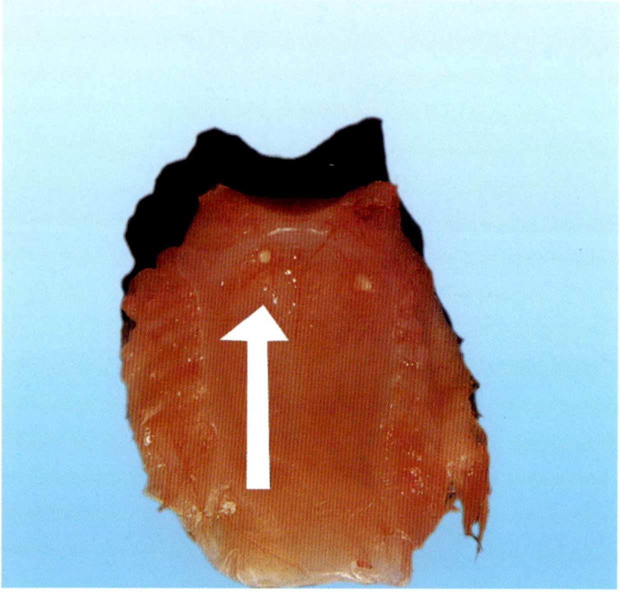

图97　雏鸭曲霉菌病剖检病变——胸骨上有白色结节

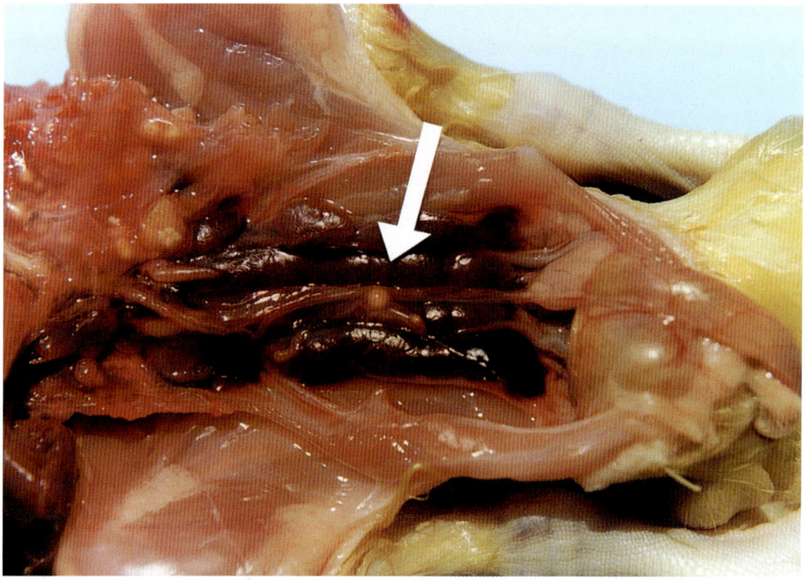

图98　雏鸭曲霉菌病剖检病变——肾脏上有白色结节

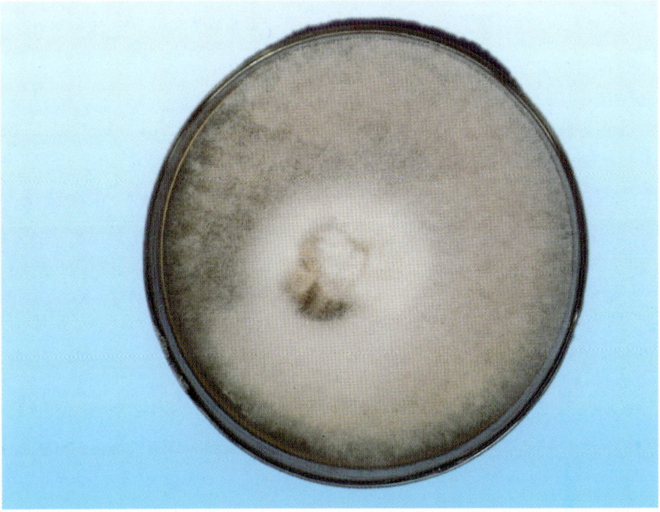

图99　自病鸭气管分离培养的霉菌菌落

生于雏鸭，还有鸭结核病可见肝、脾心脏等内脏器官均有结节病变加以区分。

(2)鸭曲霉菌病与鸭伪结核病　这两种病在剖检病变中都有许多相似之处，鸭曲霉菌病是由真菌引起，镜检可见菌丝，而鸭伪结核病由细菌引起，在显微镜下观察多呈单个或成对排列，且两极浓染的球杆菌。

防制措施

1.预防　本病的发生主要是由于饲料和垫料被霉菌污染，因此加强饲养管理，不用发霉的垫料和禁喂发霉饲料是预防该病的重要措施。此外注意鸭舍的通风换气，还有鸭舍和孵化器用具的定期消毒等。

2.治疗　发病后应及时将未感染鸭转移到干净和通风良好的鸭舍。本病无特效的治疗方法，但用以下几种方法有一定效果。

(1)以1∶2 000～1∶3 000的硫酸铜溶液饮水3～4天。

(2)用0.5%～1.0%的碘化钾溶液饮水3～4天。

(3)制霉菌素　雏鸭每天用量2～3 mg拌料，连用3天。

鸭传染性窦炎

鸭传染性窦炎又名鸭慢性呼吸道病，临床上以眶下窦炎和眶下窦肿胀为特征。

病原　鸭支原体可能是该病的主要病原。此外，还可以从某些病例的鼻窦中分离到A型流感病毒、大肠杆菌等。后两者引发的疾病并不以窦炎为主，但可加重病情和死亡率。

流行病学

1.易感日龄　各种日龄的鸭均有发生，但临床上以1～3周龄雏鸭多见。

2.传播途径　本病可经呼吸道感染，另一条感染途径可能是经种蛋发生垂直传播。

3.发病率和死亡率　该病的发生与饲养管理条件有关。大部分鸭场发病率很低，甚至无明显的窦炎病例。少数鸭场1～3周龄雏鸭呈较高的发病率，而且持续不断。单纯支原体感染时，很少发生死亡，而并发其他细菌和病毒感染时死亡率较高。

本病一年四季均可发生，但以春季和冬季多发。

临床症状　临床上较明显的症状是一侧或双侧眶下窦肿胀，形成隆起的鼓泡(见图100)，触摸有波动感。感染初期，鸭流鼻液、甩头或用爪抓挠鼻额部，随着病程的发展，一侧或两侧眶下窦积液、鼓胀。感染鸭生长发育稍慢。

剖检病变　本病明显的病变是眶下窦积有大量浆液性渗出液或脓性干酪性渗出物。其他脏器一般无肉眼可见病变。

诊断　根据临床症状，如眶下窦的肿胀及剖检变化等可做出诊断，也可进行病原的分离鉴定。支原体须选用专用培养基，经过适当的培养可形成"煎蛋状"菌落，中心有脐状突起。怀疑有流感病毒或其他病菌时，应选用鸡胚和其他培养基进行分离培养。

防制措施

1.预防　目前对本病的主要防治手段是加强饲养管理，如合理的饲养密度、良好的通风措施等。对于发生过本病的鸭舍应进行彻底的消毒和空舍一定时间后再进雏饲养。

2.治疗　可试用泰乐菌素、环丙沙星、恩诺沙星、氧氟沙星等喹诺酮类药物进行预防和治疗，可在一定程度上控制疾病的发生和减缓症状。

图100　鸭传染性窦炎——眶下窦肿大

鸭葡萄球菌性关节炎

鸭葡萄球菌性关节炎是种鸭群中常见的一种细菌性疾病，该病的特征是关节肿胀、跛行，是引起种鸭被淘汰的重要原因之一，给种鸭养殖造成很大的经济损失。

病原 该病病原为金黄色葡萄球菌，系革兰氏阳性球菌，显微镜下呈堆或葡萄串状存在，是鸭体表和周围环境的常在菌。当饲养环境不良(如垫料、围栏等刺伤体表或关节皮肤时)可造成葡萄球菌侵入关节而感染。

临床症状

鸭葡萄球菌性关节炎多见于体型较大的种鸭，如北京鸭、樱桃谷种鸭等。病鸭关节肿大，行走跛行或不愿走动。早期触摸感染关节有热痛感，后期变硬。感染多发生于跗关节和跖趾关节，趾关节也可发生(见图 101，图 102)。

剖检病变 感染关节部位明显肿大，关节腔有渗出液蓄积或纤维脓性渗出物。

诊断 根据临床症状可对关节炎做出诊断，但要确定其病原则需要进行细菌的分离鉴定。

防制措施

1.预防

(1)改善饲养管理条件，减少环境对鸭体的损伤，如使用柔软无刺伤性的垫料和围栏。保持鸭舍的清洁和干燥，定期消毒。

(2)针对发病率较高的鸭场可考虑使用

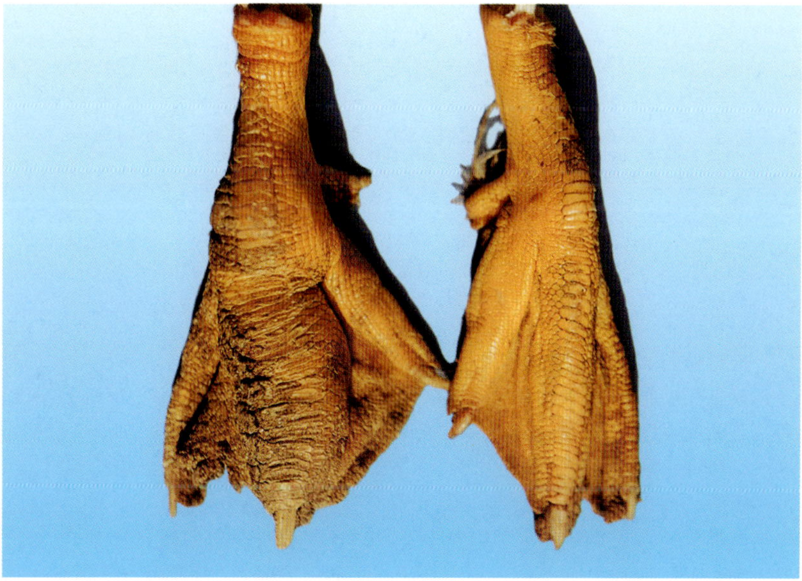

图101 种鸭葡萄球菌性关节炎——跖趾关节和趾关节肿大、变硬(右侧为正常对照)

葡萄球菌疫苗(最好是自家苗)进行免疫预防。在种鸭开产前2周左右接种鸭葡萄球菌油佐剂疫苗,可大大地降低本病的发生。

2.治疗　发病早期针对发病个体切开感染部位，清创治疗或局部注射庆大霉素等敏感药物有一定的疗效，但这些方法往往因费力、费时而得不偿失。

图102　种鸭葡萄球菌性关节炎——双侧跖趾关节肿大

鸭球虫病

鸭球虫病是由毁灭泰泽球虫和菲莱氏温杨球虫等引起种鸭的一种寄生虫病，发病率及病死率均较高，临诊中有小肠型鸭球虫病和盲肠型鸭球虫病两种。

病原　鸭球虫主要为毁灭泰泽球虫和菲莱氏温杨球虫，主要寄生于鸭的小肠，有的也见于盲肠。

流行病学特点

1.易感日龄　各种年龄、品种的鸭均具易感性，但以20～40日龄鸭较易感。

2.感染途径　通过消化道感染。主要是摄食被球虫卵囊污染的饲料、饮水和垫料而发病。

3.发病率和死亡率　发病率可达30%～90%，死亡率可达20%～70%。

鸭球虫病多发生于每年的春季和秋

季，南方地区多发于5～9月份，而北方地区多见于秋季。网上饲养的鸭群极少发病。

临床症状 病鸭精神不振、缩颈、喜卧、不食、饮水增加，排出巧克力色或暗红色粪便(见图103)，有些粪便明显带有血液。严重者很快死亡，耐过的雏鸭生长缓慢。

剖检病变 小肠型球虫病病(死)鸭明显的剖检病变为小肠的出血性卡他性炎症，小肠肿胀，粘膜出血、脱落，肠内容物呈淡红色或鲜红色(见图104)。而盲肠型球虫病病(死)鸭的剖检病变表现于盲肠膨胀、内容物呈鲜红色血样(见图105)。

诊断

1.临床诊断 根据临床排血便和剖检病变，一般可初步诊断。

2.实验室诊断 从具有特征性病变的肠粘膜处刮取少许粘膜，用生理盐水稀释，加盖玻片后用高倍镜观察，见到大量卵囊、裂殖体和裂殖子即可确诊。毁灭泰泽球虫感染可见典型的香蕉状子孢子。

3.类症鉴别 应注意与鸭霍乱和鸭出血症的区别见前。

防制措施

1.管理措施 改善鸭场的环境卫生，尽可能保持干燥、清除粪便，保持饮水设施的清洁，避免鸭摄入球虫卵囊，即可有效地预防球虫病。

2.药物防治 目前常用的药物有磺胺-6-甲氧嘧啶及专用抗球虫药。因球虫易产生耐药性，所以应根据鸭场的实际情况联合用药或轮换用药。

图103 鸭球虫病临床症状——精神沉郁，粪便带血或呈巧克力色(殷佩云原图)

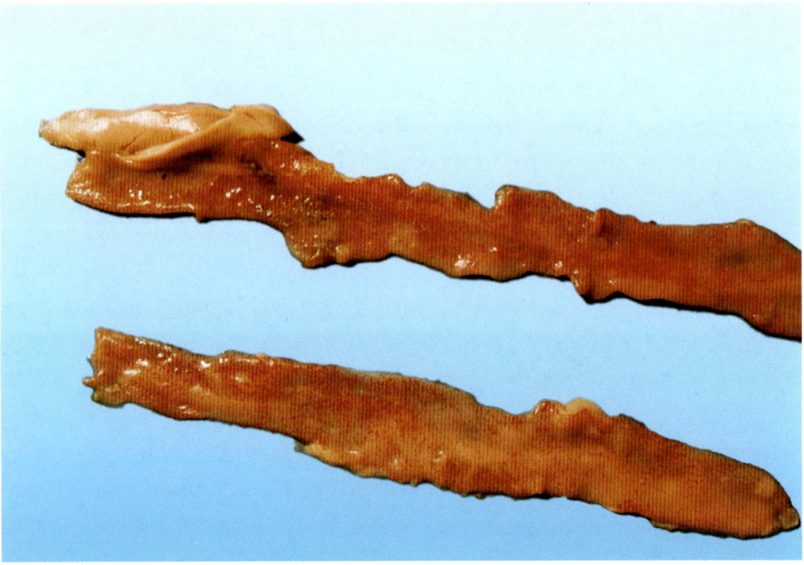

图104　鸭球虫病剖检病变——十二指肠粘膜大量出血点

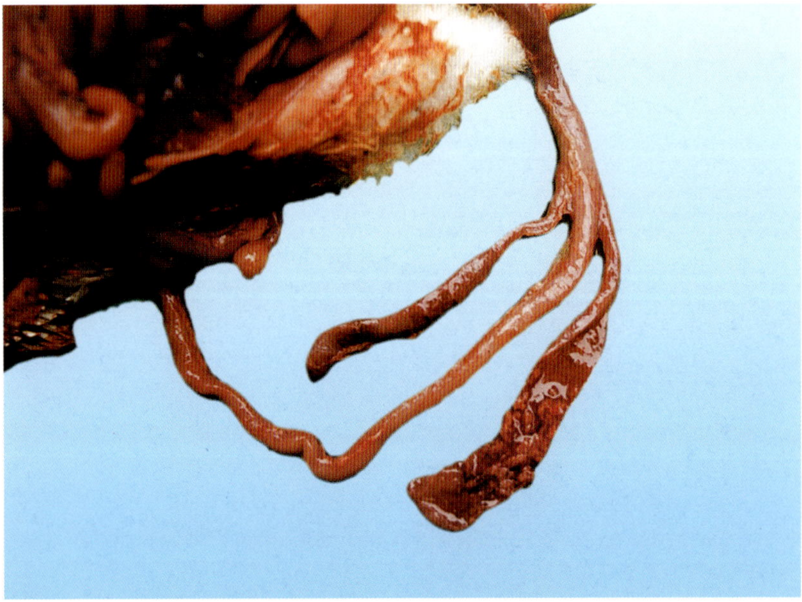

图105　鸭球虫病剖检病变——盲肠内容物呈红色血样

鸭腹水症

鸭腹水症是多种因素引起鸭的一种综合症，肉鸭、种鸭均有发生，本病的主要特征是腹腔积液、腹围下垂。

病因 诱发本病的因素很多，包括遗传、饲养环境及营养等，主要的病因是缺氧使肺动脉压升高，导致右心室衰竭和腹腔积液。

1.遗传因素 肉用型鸭(特别是公鸭)生长快速，存在亚临床症状的肺心病，这可能是发生本病的生理学基础。

2.饲养环境 饲养环境恶劣，通风换气不良，造成长时间的供氧不足。

3.营养 采用高能量、高蛋白饲料喂鸭，促使其生长，机体需氧量增加，也会发生相对供氧不足。饲料中含有的有毒物质如黄曲霉毒素或高水平的某些药物(如呋喃唑酮等)、某些侵害肝脏或血管的疾病(种鸭大肠杆菌感染)也可引起腹水症。

临床症状 病鸭初期表现精神不振，喜卧，腹部膨大，触之有波动感(见图106，图107)，死后还可见喙端和脚的发绀现象。

剖检病变 最明显的剖检病变为腹腔内有大量黄色液体，腹水中混有纤维素凝块，肝脏肿大或萎缩，质地变脆或发硬(见图108至图111)。另外还可见心包膜增厚、心包积液、心脏肿大，右心扩张，柔软，心壁变薄，肺淤血或水肿等。

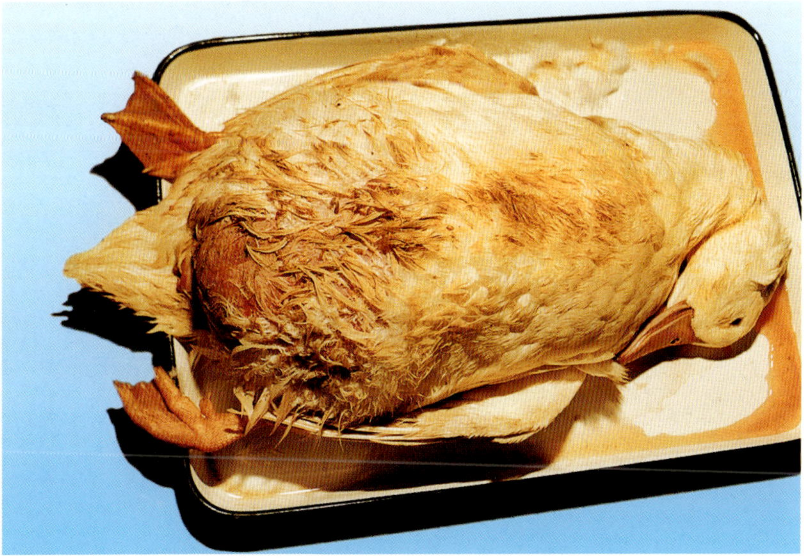

图106 种鸭腹水症——腹部膨大，触压有波动感

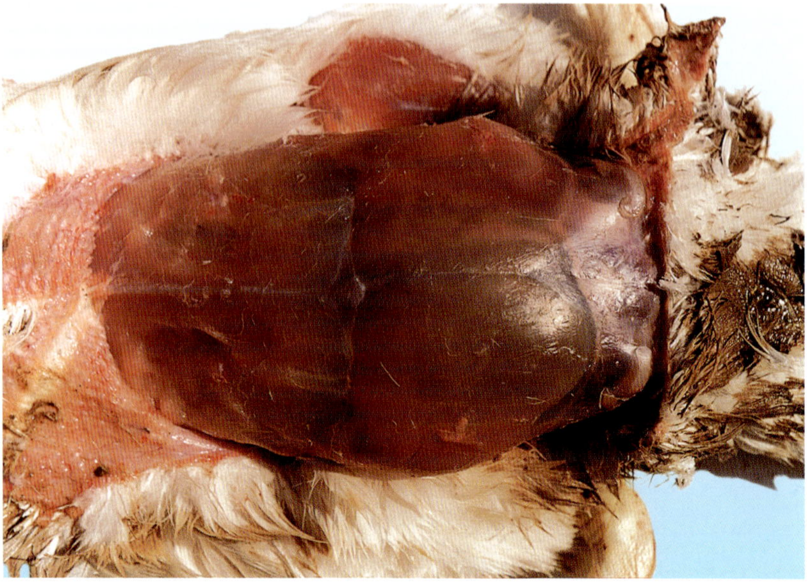

图107　肉鸭腹水症——腹腔膨胀、积液，触压有波动感

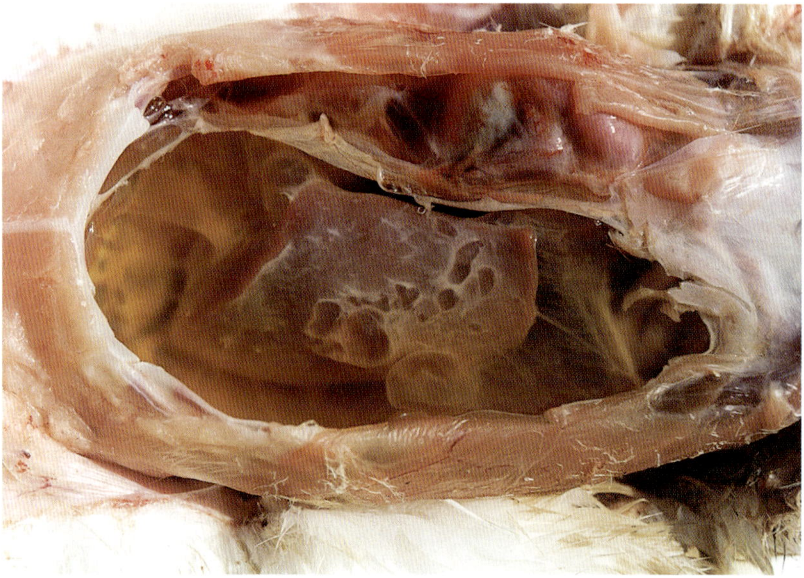

图108　肉鸭腹水症——腹腔有大量淡黄色胶冻样积液

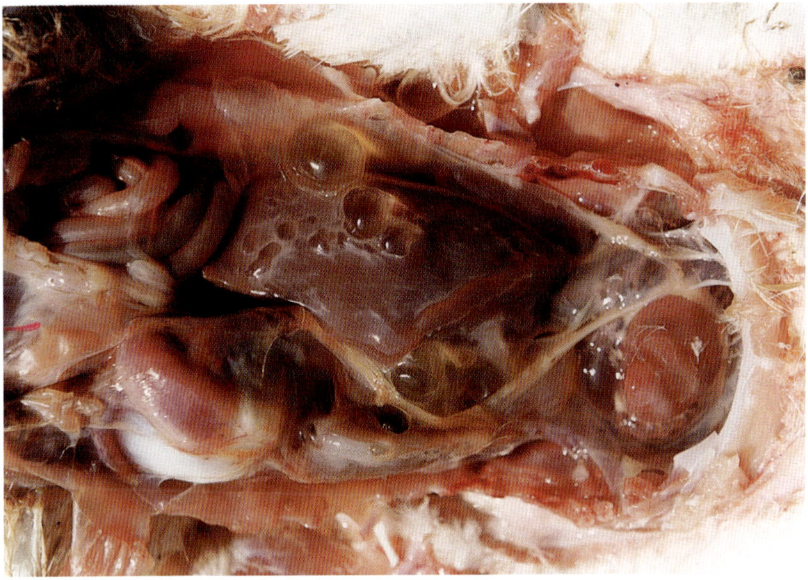

图109　肉鸭腹水症
——去除腹水后可见肝脏变硬，表面有一层纤维素膜，并有数量不等的水泡

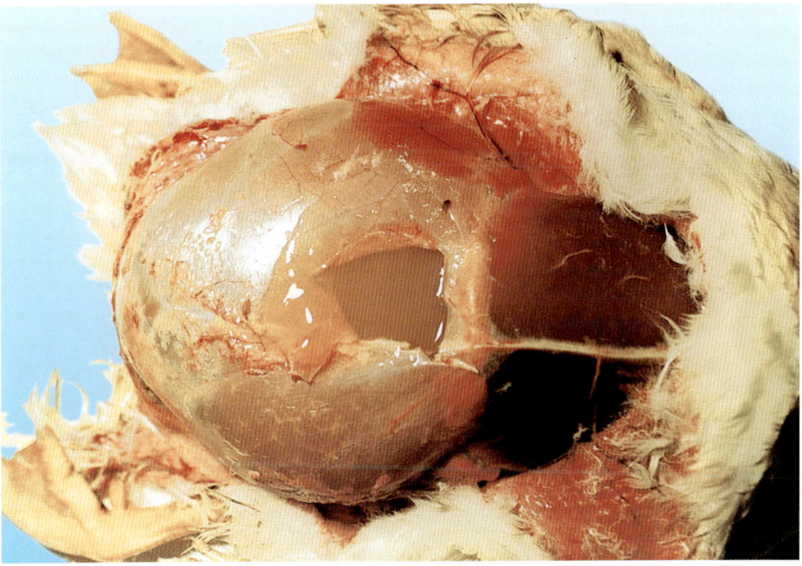

图110　种鸭腹水症——腹腔大量胶冻样积液

图111 种鸭腹水症——肝脏变硬、变小，表面有多量淡黄色水泡

诊断 根据本病的典型临床症状及特征性的剖检病变，较易做出诊断。

防制措施

1.预防

(1)改善鸭群管理及环境条件，防止拥挤，改善通风换气条件，保证鸭舍内有较充足的氧气流通，防止过冷。

(2)早期限饲，控制生长速度或适当降低饲料的能量。禁止饲喂发霉的饲料。

(3)日粮中补充维生素C。据报道，每千克饲料中添加0.5g的维生素C，对预防腹水症能取得良好效果。

2.治疗 本病一旦发生，出现临床症状，多以淘汰和死亡告终。可以用一些药物(如有健脾利水作用的中草药、助消化药等)进行对症治疗。最重要的应调查清楚发病的原因，有针对性地采取预防措施，如适当限饲以降低生长速度，改善鸭舍环境等。

鸭喹乙醇中毒

喹乙醇(又称快育灵)，具有较强的抗菌和杀菌作用，被广泛用于家禽的饲料添加剂和防治某些细菌性疫病。

病因

1.对喹乙醇添加剂性质不了解，使用过量。没有按照规定的添加量应用，而是盲目地认为剂量大作用也大致使加大剂量引起中毒。

2.添加的喹乙醇在饲料中混合不均匀，使部分鸭摄食量过大而中毒。

3.重复添加喹乙醇而引起中毒。使用者不了解某些饲料厂家在生产饲料时已添加有喹乙醇，而重复添加致使实际用量过大导致中毒。

4.使用喹乙醇的时间持续过长，而使喹乙醇在鸭体内蓄积而导致中毒。

5.个别养鸭户计量概念没有搞清，将克和毫克混淆，或将5%预混剂与98%原粉混淆，造成用量过大而中毒。

临床症状 病鸭精神沉郁，食欲不振或废绝，渴欲增加，翅不垂，不愿走动或瘫痪，且口中不断流出液体。随着病程的加长，鸭嘴上喙出现水疱，水疱破裂，脱皮结痂(见图112)。有的上喙变短且喙边缘上翘卷起，而形成严重的畸形嘴(见图113)。

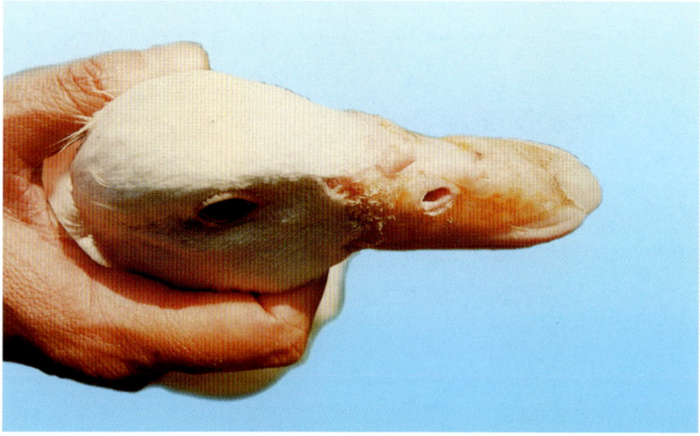

图112 鸭喹乙醇中毒——上喙表面形成水疱(早期)

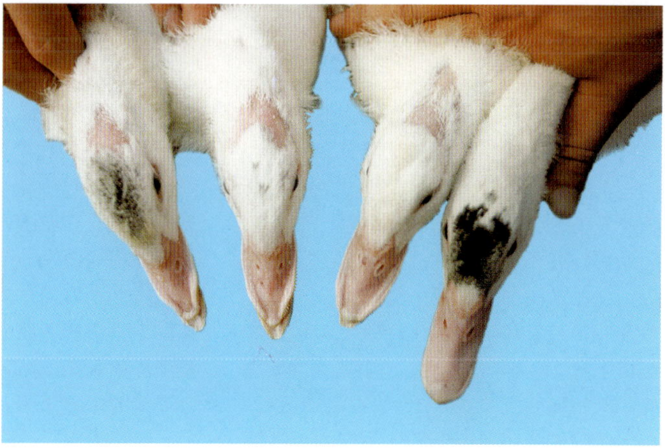

图113 鸭喹乙醇中毒——上喙变形(后期)(右为正常对照)

剖检病变 口腔有粘液，肌胃角质层下有出血点，十二指肠粘膜有弥漫性出血，腺胃及肠道内容物呈浅黄色，粘膜表面呈糜烂糊状。肝肿大、质脆易碎，肾脏肿大，呈紫黑色，有多量出血点。

诊断 根据有饲喂过量或高浓度喹乙醇史，还有观察临床症状、剖检有全身广泛性出血的病理变化等情况，一般可做出诊断。

防制措施 目前尚无有效的解毒药，主要是预防。

1.预防 要求做到准确计算用药量。作添加剂，每千克饲料拌入25～30 mg原粉，而用于治疗时可适当加量，且一个疗程以3～5天为宜，另外混入饲料时要搅拌均匀。还要防止重复添加，应了解所购的配合饲料是否已添加喹乙醇。

2.治疗 发现中毒症状时应立即停药。中毒严重时解救无效，但轻症时可饮用5%的硫酸钠溶液解毒。

鸭磺胺类药物中毒

磺胺类药物是一类抗菌谱较广的化学合成药物，能抑制大多数革兰氏阳性和阴性细菌及抗球虫作用，是临床治疗鸭细菌性疾病和球虫病等的常用药物。若用药过量或持续大量用药，投药期过长，会引起急慢性中毒，雏鸭更为敏感。磺胺类药物主要毒性副作用可引起尿酸血症，尿酸沉积，肾脏损害，中毒性肝病，血液病变，出血综合症，酸中毒，黄疸，过敏反应以及消化机能障碍。

临床症状

1.急性中毒主要表现兴奋不安，厌食，腹泻，痉挛，共济失调，麻痹等。

2.慢性中毒病鸭精神沉郁，食欲减少或消失，渴欲增加，贫血，黄疸，有的头部局部性肿胀，皮肤呈蓝紫色，翅下有皮疹，便秘或腹泻，粪便呈酱油色，并发生多发性神经炎和全身出血性变化。产蛋鸭产蛋下降。

剖检病变

肉眼主要病变：可见皮下有大小不等的斑状出血，胸部肌肉弥漫性或刷状出血，腿肌斑状出血(见图114)，血液稀薄，凝固不良，肌肉苍白或呈淡黄色，骨髓黄染。肝脏肿大淤血，呈紫红色或黄褐色，表面有出血斑点，或坏死灶。胆囊肿大，充满胆汁。肾脏肿大，呈土黄色，表面有紫红色出血斑。输尿管增粗，充满白色尿酸盐。腺胃和肌胃粘膜交界处有条纹状出血，肌胃角质膜下有出血点，角质膜老化易剥离，十二指肠粘膜出血，盲肠内充有咖啡色内容物。脑膜水肿、充血，心外膜出血，心包积液。

防制措施

选用磺胺类药物时要注意其适应症，严格掌握用药剂量及用药时间，特别是雏鸭或体弱者应谨慎，产蛋鸭尽量避免使用。磺胺类药物使用一般不得超过1周，拌料、饮水搅拌要均匀，同时在用药期间适当补充维生素饲料，或多种维生素制剂，特别是维生素K制剂。某些制剂在使用时应配合等量的碳酸氢钠，同时供给充足的饮水。

使用磺胺类药配合抗菌增效剂，抗菌效果提高，用药量减少，中毒机会少。

发生磺胺类药物中毒，应立即停药，尽量多饮水，并饮服1%～5%的碳酸氢钠溶液，可配合维生素C和维生素K进行治疗。肾肿、尿酸盐沉积的病例可使用消肾肿、促进尿酸排泄制剂。

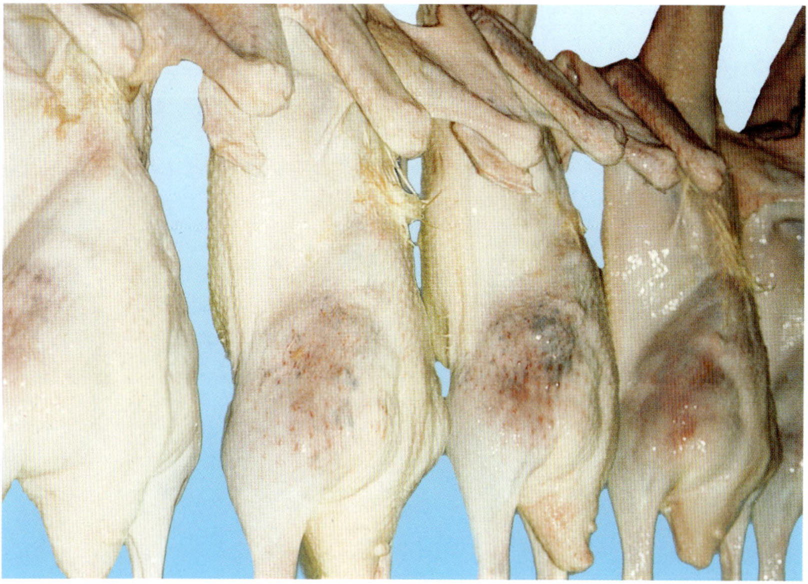

图114 鸭磺胺类药物中毒——腿肌出血

维生素A缺乏症

病因

1.产蛋种鸭日粮维生素A缺乏或含量低，造成自身或子代雏鸭维生素A缺乏。

2.维生素添加剂存放不当或存放时间过长，导致维生素A被破坏或失效等。

临床症状 成年鸭长时间缺乏维生素A可表现为逐渐消瘦、羽毛蓬乱、产蛋率和孵化率下降，弱雏率增高，流眼泪和鼻液等。雏鸭可能因种鸭维生素A缺乏或饲喂维生素A缺乏的日粮而发病，主要表现为生长缓慢、流泪、眼圈周围粘连，甚至结痂、失明(见图115)。

剖检病变 一般可见眼眶周围粘连，有干酪性的渗出物。严重时咽部和食道粘膜出现白色的坏死点。病程较长时可能出现肾脏和输尿管尿酸盐沉积等痛风症状。

诊断 种鸭出现非传染性产蛋下降，种蛋孵化率下降，弱雏率升高，雏鸭出现疑似维生素A缺乏时，必须进行饲料检测，检查维生素A的含量。

防制措施

1.预防 保证饲料中含有足量的维生

素A是防止本病的关键。鸭场在选购维生素添加剂时应注意其质量和保存方法，以免其中的某些成分被破坏或失效。

2.治疗　鸭群发生维生素A缺乏时，应按其正常量的2～4倍补充维生素A制剂，或在每千克饲料中添加2～4 ml鱼肝油，连喂数日。维生素A吸收较快，除晚期病例外，一般都能很快康复。

图115　雏鸭维生素A缺乏症——精神沉郁，眼眶周围湿润、粘连

维生素B_1缺乏症

病因　饲喂维生素B_1缺乏的日粮。

临床症状　成年鸭维生素B_1缺乏病程发展较为缓慢，表现为采食下降、厌食、消瘦、羽毛蓬乱及步态不稳等。而雏鸭病程发展较快，甚至表现为突发性。其特征性的病症是多发性神经炎，头缩向后方，身体呈后仰姿势(图116)。部分鸭腿肌麻痹，头后仰呈“观星状”

诊断　根据临床症状，排除传染性疾病后应进行饲料检测才能做出正确的诊断。

防制措施　预防本病发生的关键是保证日粮中营养成分的均衡。患病鸭口服维生素B_1可很快康复。

图 116 雏鸭维生素 B_1 缺乏症——表现出明显的神经症状

雏鸭维生素 B_2 缺乏症

病因 雏鸭几乎不能合成维生素 B_2，当饲料中维生素 B_2 供给不足或缺乏，又不注意添加时，易发生维生素 B_2 缺乏症。

临床症状 病鸭生长缓慢，不愿走动、腹泻、软弱消瘦、两脚趾均向内蜷曲(见图 117)，不能行走，以飞节着地，腿部肌肉萎缩，皮肤干而粗糙。

剖检病变 病死鸭营养不良，胃肠粘膜萎缩，肠内充满泡沫状内容物，腿部肌肉松弛、萎缩。

诊断

1.临床诊断 通过对发病经过的分析，及足趾向内蜷曲，两脚瘫痪等特征症状，可初步做出诊断。

2.实验室诊断 日粮分析可以发现饲料中维生素 B_2 缺少或不足。

防制措施

预防本病的发生，应在雏鸭一开食即喂标准配合日粮。在发病初期，补充适量的维生素 B2，病鸭可在短期内恢复。

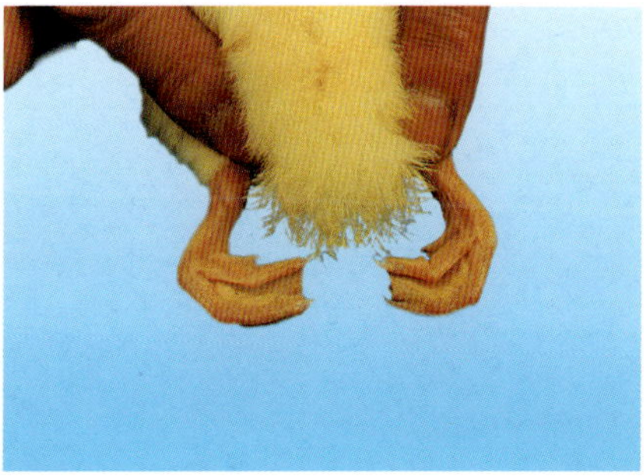

图 117 雏鸭维生素 B2 缺乏症——爪向内卷曲

鸭痛风

鸭痛风是由于机体内蛋白质代谢障碍，尿酸在血液中大量蓄积所引起的营养代谢性疾病。其特征为在关节内、内脏及皮下结缔组织等处出现尿酸盐沉积。

病因 本病发生原因较为复杂，各种外源性、内源性因素导致血液中尿酸水平增高和肾功能障碍，在血液中尿酸水平升高的同时肾脏排泄尿酸的数量也增高，并损害肾脏，发生尿酸盐阻滞，反过来又促使血液中尿酸水平更加增高，造成恶性循环。

临床常见的致病因素有：

1.饲料中的蛋白质(特别是核蛋白)含量过高，缺乏充足的维生素A和维生素D，矿物质含量比例失调。临床发现番鸭鸭胚和出壳不久的雏鸭，呈现典型的内脏痛风病变，可能与母鸭维生素A缺乏，饲喂多量动物性饲料等有关。

2.某些药物使用不当、过量、中毒等引起肾脏损害，促进尿酸血症的发展，如饲喂磺胺类药物过多、慢性铅中毒等。

近年发现不少农户超量使用感冒通(人医药品)来防治番鸭感冒而致急性内脏痛风造成大量死亡的病例。

3.管理不善，鸭舍拥挤潮湿阴冷，缺乏运动，日光照射不足，特别是雏鸭长途运输，缺乏饮水等，均可诱发本病。

临床症状 慢性内脏型痛风鸭可见食欲减退、羽毛松乱、生长停滞、精神不振、不愿活动，逐渐消瘦，拉白色稀粪，产蛋下降或停止。

感冒通中毒，可呈现急性病例，病程短，死亡快。

雏鸭痛风表现为鸭群厌食、闭眼、消瘦，爪干枯发绀、虚脱，死亡多，群体成活率下降。

关节型痛风主要表现为脚和腿部关节肿胀，有的成坚硬结节，局部变形，运动障碍。

剖检病变 内脏型痛风：心、肝、胸膜、气囊、肺、肠系膜、腹膜的表面均可见白色的石灰粉样尿酸盐沉积(见图118至图120)。肾脏肿大，小叶色泽明显变淡，表

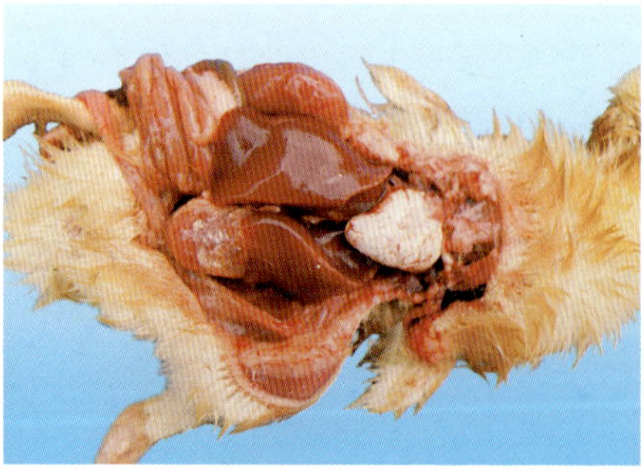

图118 鸭痛风——心包有大量的尿酸盐沉积

面有尿酸盐沉着白斑点(见图 121);输尿管显著扩张变粗，管腔内充满石灰样的尿酸

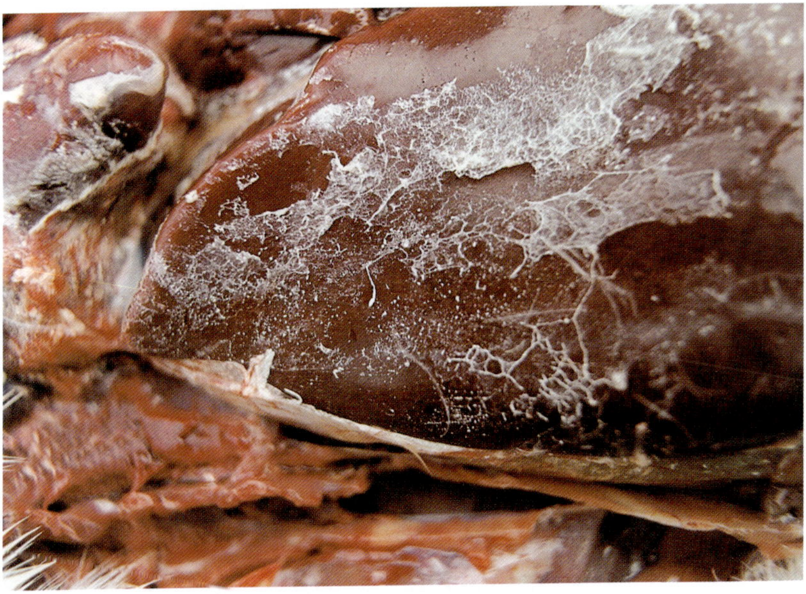

图119 鸭痛风——肝脏表面尿酸盐沉积

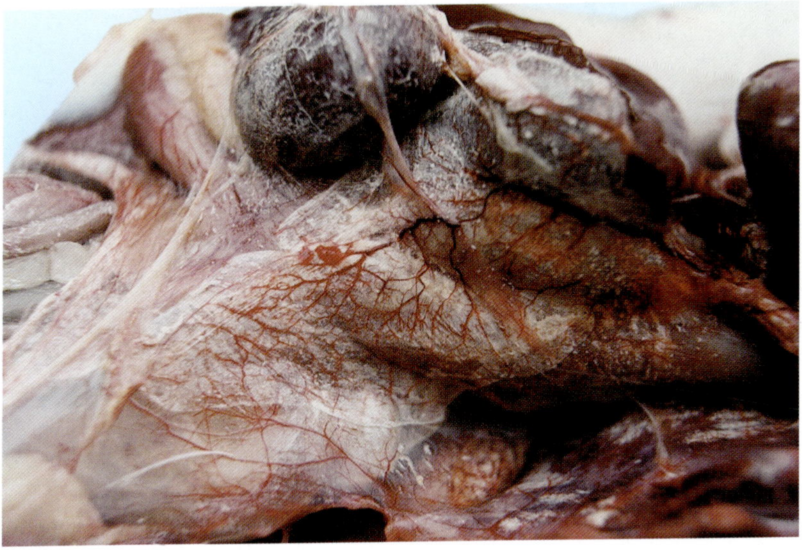

图120 鸭痛风——气囊及其它脏器表面有大量尿酸盐沉积

图121　鸭痛风——肾脏有大量尿酸盐沉积，呈花斑样

盐沉积物;尿石症时输尿管内有尿酸盐结石。

关节痛风：可见到腿和翅各关节腔内及关节周围组织中有白色粉状尿酸盐沉着物。

诊断

1.临床诊断　据典型的剖检病变并结合病因调查，一般较易做出诊断。

2.实验室诊断　根据病因的初步调查，对饲料及使用的药物进行相应检查。

防制措施

1.预防

(1)减少核蛋白日粮，合理饲料配合比例，保证饲料的质量，供给含丰富维生素A的饲料。

(2)加强饲养管理，增加适当运动，保证充足的饮水。

(3)不要长期或过量使用对肾脏有损害的药物(如磺胺类药物)。

2.治疗

(1)对发病鸭群尽可能除去病因，酌情选用减少尿酸形成和促进尿酸排泄的药物，如丙磺舒、别嘌呤醇等。也可选用利尿通淋排石的中药制剂。

(2)选用兽药市场近年生产的消除肾脏肿大、控制尿酸盐沉积的复合无机盐制剂，对减轻症状，缓解病情，促进恢复很有好处。

(3)重症病鸭，可用硫胺素注射液，每只肌肉注射5 mg，每天1次，连用3～5天。

鸭啄羽症

鸭啄羽症是由于某些营养物质缺乏，代谢机能紊乱，味觉异常或饲养管理不当等引起的纯属恶癖的一种疾病。成鸭和雏鸭均可发生，一旦鸭群发生该病，如不及时采取措施，常造成较大损失。

病因 鸭群发生本病的原因很复杂，目前尚不完全清楚，但普遍认为鸭啄羽症是由于综合因素引起的，主要有以下三个方面：

1.饲养管理不当引起的，如过度拥挤、闷热、饮食不足、鸭舍潮湿等。

2.日粮中某些蛋白质和氨基酸缺乏等往往是鸭啄羽症发生的根源。

3.钠、铜、钴、锰、钙、铁、硫和锌等矿物质不足都可能成为鸭啄羽症的病因，尤其是钠盐不足使鸭喜啄食带咸性的血迹等。

4.维生素A，维生素B_2，维生素D，维生素E和泛酸缺乏，使鸭体内许多与代谢关系密切的酶和辅酶的组成成分缺乏，可导致体内的代谢机能紊乱而发生啄羽症。

5.鸭群中有外寄生虫症，以及皮肤外伤感染也可能为诱因。

临床症状 鸭啄羽症一般在换羽期多发，表现为鸭只间相互追逐啄食羽毛或多只鸭集中啄食一只鸭或自己啄食自己的羽毛，这时鸭群往往骚乱不安，而被啄鸭羽毛蓬松脱落，皮肤出血破损，背后部羽毛稀疏残缺(见图122)。成年母鸭产蛋量减少或产蛋停止，雏鸭生长发育受影响。

剖检病变 该病除外表可见的羽毛被啄或流血外，无肉眼可见病变。

诊断 根据临床症状即可做出诊断。

图122 鸭啄羽症

防制措施

1.预防　纠正啄羽症需费很大功夫，因此应着眼预防，消除上述引起啄癖的各种因素，主要措施有以下四项：

(1)要切实改善饲养管理，清除各种不良因素或应激原的刺激，如饲养密度要适中，不宜过分拥挤，搞好通风换气等。只要认真地管理便可以收到效果。

(2)饲料要配合适当，不能饲喂单一饲料，特别要注意补充一些重要的氨基酸、维生素、微量元素和食盐等。

(3)有啄羽癖的鸭和被啄伤的鸭，要及时尽快地挑出，隔离饲养与治疗。

(4)对集约化高密度饲养的鸭群可以在雏鸭出壳后断喙，这是目前解决啄羽的最有效的办法。

2.治疗　鸭群一旦发生本病，要立即将被啄鸭隔离饲养。最主要的是改进饲养管理条件，如降低饲养密度，同时可采取以下的一些办法补救：

(1)在饲料中添加2%的食盐，对缺乏食盐引起的啄羽癖有效。

(2)按每羽每天投服0.5～1.0 g，成年鸭1～3 g石膏粉效果较好。

(3)增加饲料中含硫氨基酸、维生素和微量元素的含量。

鸭光过敏症

病因　鸭光过敏症是由于采食含有光过敏性物质，如大软骨草籽含有光过敏物质，将混有这种草籽的麦渣或麦麸加工成饲料饲喂白羽鸭后，各种日龄的鸭在室外阳光的照射下均可能发病。另外放养的鸭在采食某些野草种子后也可能发病。

临床症状与病变　主要表现鸭上喙背侧和脚蹼出现水疱，水疱破裂后结痂(见图123)。随着病程的发展，上喙逐渐变形，喙前端和两侧向上扭转、短缩(见图124)。眼

图123　鸭光过敏症——脚蹼溃烂、结痂

图124　鸭光过敏症——上喙严重变形

图 125　种(蛋)鸭产蛋异常——产软壳蛋、粗壳蛋、畸形蛋等(右侧为正常蛋)

眶周围有大量的分泌物，眼睑粘连。患鸭很少出现死亡。

诊断 本病目前主要根据临床症状进行诊断。在出现此类病例后，应对配制饲料的原料进行调查，是否使用过麦渣，尤其是进口小麦麦渣或麦麸，检查是否含有杂草籽等。

应注意，部分鸭场长期使用痢特灵、喹乙醇等药物也可出现类似的病变，所以在诊断时应注意鸭群是否有较长时间饲喂这类药物的历史。

防制措施 对于本病尚无有效的治疗方法。一旦发病，立即更换饲料。

种（蛋）鸭产蛋异常

近几年来，我国南方数省的种鸭、蛋用鸭在产蛋期内出现产蛋率急剧下降、产异常蛋(软壳蛋、粗壳蛋、无壳蛋、畸形蛋等)、无产蛋高峰期或持续低产蛋率、低死亡率或无死亡为特征的一类疾病，给种鸭、蛋鸭养殖者造成了不同程度的直接经济损失，挫伤了养鸭的积极性。

病原 据调查及实验室研究表明引起种(蛋)鸭产蛋异常的病原可能主要有致病性大肠杆菌、禽流感病毒、曲霉菌、鸭疱疹病毒Ⅱ型(即鸭出血症病毒)等。

流行病学特点

1.易感品种 不同品种种母鸭(如种母番鸭、北京母鸭、樱桃谷母鸭、金定母鸭、新的杂交母鸭等)、蛋用鸭(如麻鸭、山麻鸭、绍兴鸭等)均有发病。

2.发病率、死亡率 患病种(蛋)鸭群中15%～90%不等的鸭不产蛋，导致整群鸭产蛋率急剧下降(如从95%降至10%左右，甚至停产)或(和)产蛋异常，死亡率较低(如日死亡率0.1%～1.3%不等)或无死亡。

3.该病一年四季均有发生，但以冬春寒冷季节及多雨潮湿季发病较多。

临床症状与剖检病变 患病种(蛋)鸭群表现食欲下降甚至废绝、产蛋异常(软壳蛋、粗壳蛋、薄壳蛋、无壳蛋、畸形蛋等)(见图125)或(和)无产蛋高峰期或持续低产蛋率或(和)产蛋率急剧下降。发生该类疾病的病鸭其主要剖检病变特点归纳为如下三种类型：

1.呼吸道型 喉头、气管壁、支气管壁及肺充血或出血，或有的肺实质中出现大小不等的黄白色坏死结节或坏死灶。

2.炎症型 有的病死种(蛋)鸭表现心包炎、肝周炎、气囊炎、腹膜炎及卵黄囊类，腹腔积液，呈暗红色或污黑色。

3.生殖道型 卵黄膜充血或出血，卵泡破裂；整段输卵管粘膜或其中、后段粘膜水肿、增厚或变粗糙，有多量粘液或白色干酪样物(似豆腐渣样)，有的输卵管中还存有蛋。

诊断

1.临床诊断 据产蛋率急剧下降或(和)产蛋异常等即可做出初步诊断。

2.实验室诊断 要确诊此类疾病，需要进行病原的检查。

3.类症鉴别 在临诊上，此类疾病与饲料配合不当，营养缺乏症等因素引起的产蛋异常相类似，应根据饲料分析、病原检查结果做出鉴别诊断。

防制措施

1.预防

(1)不从疫区引进种鸭、蛋鸭，加强饲养管理、保持场地干燥，避免使用霉变饲料、定期消毒等。

(2)免疫接种　由于引起种(蛋)鸭产蛋异常的病原多而复杂，因此广大养鸭者应及时将产蛋异常的病鸭或病死鸭及异常蛋送有关部门查清自场病因后有的放矢地使用疫苗进行免疫预防，可收到较为满意的效果。

2.控制　种(蛋)鸭一旦发生产蛋异常，应尽早诊断，尽早进行针对性治疗。

附　图

附图1　鸭滑腱症——两腿瘫软，跗关节着地

附图2　种鸭坏死性肠炎——肠道粘膜糠麸样坏死

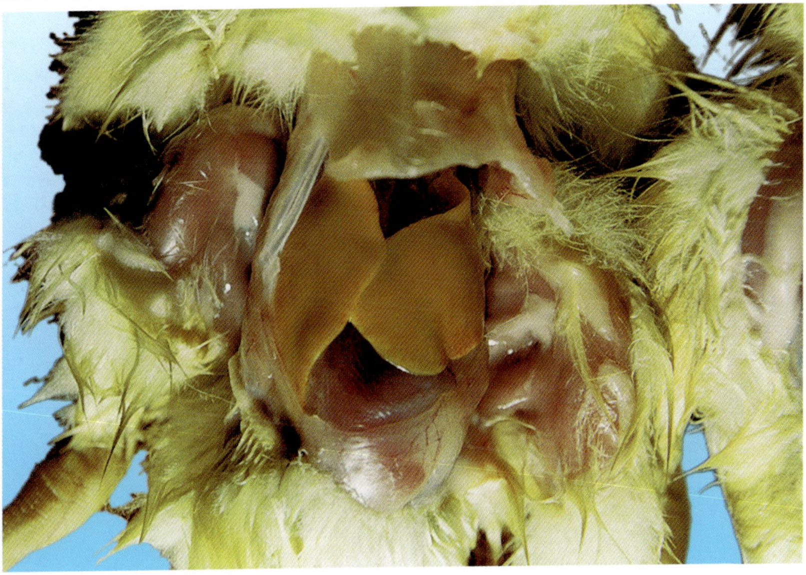

附图3　鸭黄曲霉毒素中毒——肝脏呈土黄色

附图4　全封闭式鸭舍外景

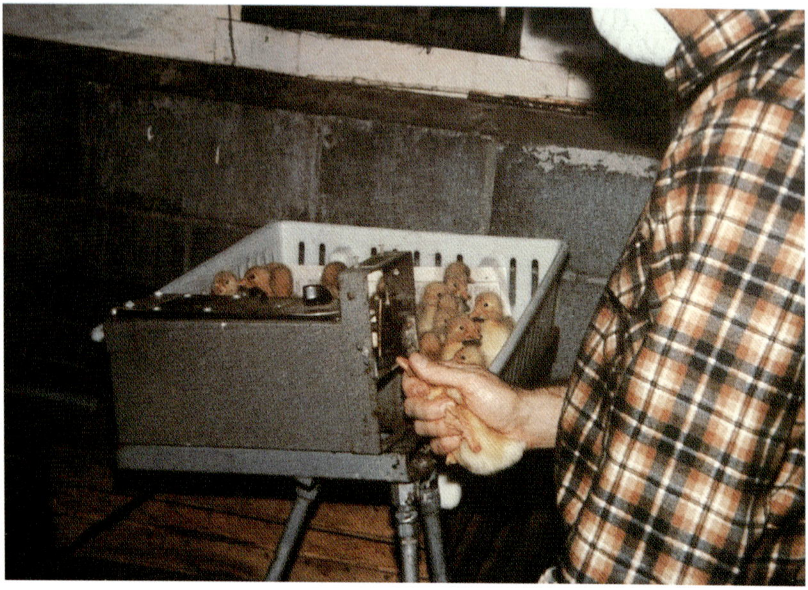

附图5　1日龄雏鸭断喙，可防止高密度饲养过程中的啄羽现象

附图6　全封闭饲养的育雏阶段，图上方为供热器

附图7　使用布草机每天撒布垫草

附图8　全封闭式鸭舍一侧的饮水装置

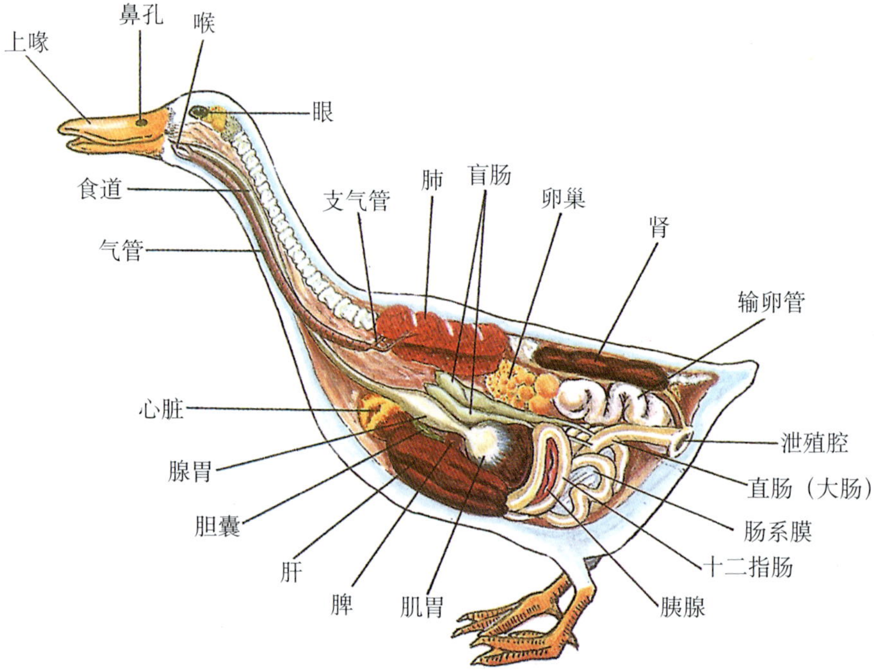

附图 9　鸭的全身器官

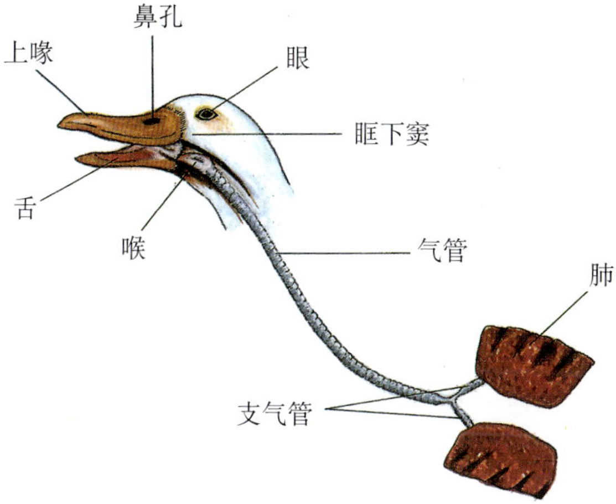

附图 10 鸭的呼吸系统

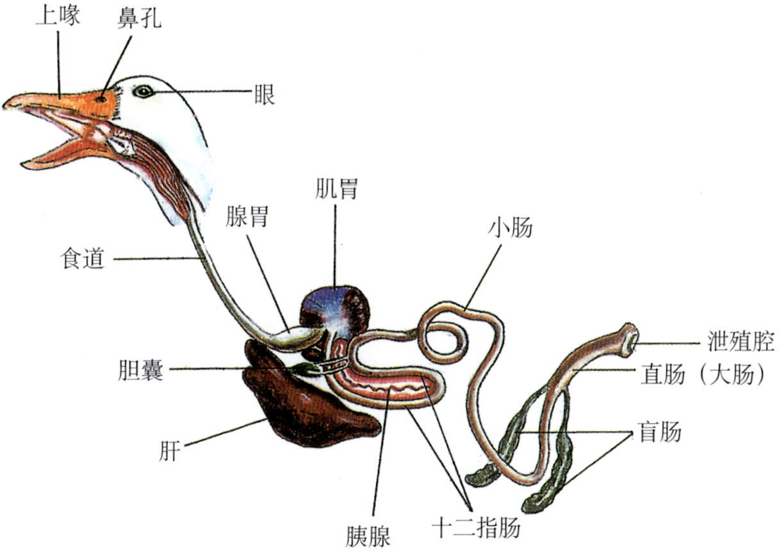

附图 11 鸭的消化系统